Ⅲ（13~18）堂課

安琪老師的24堂課

Angela's Cooking

出版緣起

　　出版食譜，出了快 30 年，一直認為出版食譜，就應該是詳實的記錄整道菜烹煮的過程，這樣讀者就能按步就班的輕易學會，所以沿襲著媽媽的習慣，我們常自傲的就是：跟著我們食譜做，一定會成功。

　　隨著時代的腳步，年輕朋友在清、新、快、簡的飲食要求下，的確改變了對食譜的要求，在「偷呷步」的風潮下，我們食譜裡的 Tips 或「老師的叮嚀」，變成了食譜的主要賣點；在「飲食綜藝化」的引領下，看教做菜的節目，反而是娛樂性遠大於教育性，而買食譜變成了捧明星的一種方式。

　　有一次看大姊在上課教學生，說到炒高麗菜這道菜，從高麗菜的清洗方式，到炒的時候要不要加水這兩件事，就讓我興起了出教學光碟的想法，原來在教做菜的過程中，有那麼多的小技巧，是只可言傳而無法用文字記錄下來的 • 其實這麼多年，也不是沒想過出教學光碟，只是為如何有系統的出、選那些菜來示範，讓我們一直猶豫不決，直到那天大姊跟我說，有一班學生，跟她學了 23 堂課，還要繼續學，她跟學生說，實在沒東西可以教了（因為重複做法，只換主料的菜，她不願教），讓我有了新的想法，就以她上課的教材，拍攝 24 集《安琪老師的 24 堂課》，不但包括了她對中菜的所有知識，也包括了她這麼多年對異國料理的學習心得，於是忙碌的工作從 2012 年夏天開始……。

　　將近 30 個小時的教學內容，96 道菜的烹調過程，所代表的不只是 96 道美食，更是 96 種烹調方式、種類；和我們對你的承諾：給我們 30 小時，我們許你一身好手藝。

程顯灝

安琪老師的二十四堂課 目錄

第十三堂課

義式鮮蔬烤雞腿

菠蘿蝦球

豆腐響鈴

咕咾肉

輕鬆簡單的烤箱料理
義式鮮蔬烤雞腿

課前預習

重點 *1* 烤箱的熱度

　　一般來說，需要時間較長才能烤熟的食材，烤箱的溫度不需要設定太高，以免一下子就烤焦了。以這道烤雞腿來說，放入烤箱時，設定 200℃ 就可以了。而當第二次將雞腿放入烤箱時，為了讓雞腿的表皮，烤出漂亮的金黃色，因此，將溫度稍微調高至 220℃。記得，在準備材料的時候，就先讓烤箱預熱 10 分鐘。

重點 *2* 烤至 15 分鐘時，取出翻面再烤

　　當雞腿已經放入烤箱，烤了 15～20 分鐘左右，可以將雞腿從烤箱中取出，翻面，將皮的那面朝上，好烤出漂亮的金黃色。不同烤箱的溫度略有差異，要依自己的烤箱來拿捏時間。

重點 *3* 測試熟度

　　將雞腿拿出來，準備翻面的時候，可以觀察一下雞肉的熟度，若是看到肉已經離骨，表示已經有八分熟了。你也可以用筷子戳戳看，如果肉和皮都可以順利戳進去，就表示已經熟的差不多了。

認識食材

1 肉雞：

今天示範的雞肉料理，是用烤的。因此買肉雞就可以了，它的肉質很適合用來烤、炸，吃起來都很嫩。另外，因為雞腿帶筋，肉也比較厚，為了讓雞腿比較容易熟，要先用刀子在雞腿內側開刀口。

學習重點

1 最簡單的醃料：鹽與黑胡椒

鹽與黑胡椒不僅僅是調味時才用的到，在這道烤雞腿中，也是醃雞腿的調料。操作方法也很簡單，只要在每隻雞腿上灑上鹽巴與黑胡椒，用手抓一抓，靜置 20 分鐘左右就可以了。

2 配合烤雞腿的時間，蔬菜切大塊

這道菜主角是肉較厚的雞腿，前前後後大概需 30 分鐘的烘烤時間。為了配合烹調的時間，與兼顧蔬菜的口感，因此蔬菜不必切太細碎，粗略的切成大塊狀即可。

開始料理

材料：

棒棒雞腿 6 支、西芹 2 支、洋蔥 1 個、紅甜椒 1 個。

調味料：

鹽 1 茶匙、胡椒粉 1/2 茶匙、酒 1 大匙、義大利綜合香料 1 又 1/2 大匙、
橄欖油 2 大匙。

做法：

1. 雞腿灑上鹽、胡椒粉、酒和義大利綜合香料，醃 20 ～ 30 分鐘。
2. 蔬菜分別切適量大小，鋪在烤盤內，再另外灑上適量的鹽和 1 大匙的橄欖油。
3. 雞腿皮面朝下，排放在蔬菜上。
4. 烤箱預熱至 220℃，烤 15 ～ 20 分鐘後翻面，使雞皮面朝上，再烤 10 ～ 15 分鐘
   至雞腿已熟、雞皮金黃即可取出上桌。

老師的話

義大利綜合香料粉用途廣泛，可以成為家中常備的調味料喔！

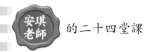

料理課外活動

○迷迭烤雞腿

材料：
棒棒雞腿 4 支、新鮮迷迭香 1～2 支。

調味料：
鹽、胡椒粉適量。

做法：

1. 雞腿擦乾水分，均勻地撒上鹽和黑胡椒粉，醃約 20 分鐘。
2. 烤盤上舖一張鋁箔紙，塗少許油，放上雞腿。
3. 迷迭香用水沖一下，摘下葉片，每支雞腿上放幾條迷迭香（沒有新鮮的時候可以用乾燥的）。
4. 烤箱預熱至 220℃，放入雞腿烤 15 分鐘，翻面再烤 10 分鐘，熟後取出即可。

蒜頭焗雞腿

材料：
雞腿 2 支、大蒜 10 粒、洋蔥 1/2 個、
鋁箔紙 1 大張、橄欖油 1 大匙。

調味料：
醬油 1 大匙、糖 1/2 茶匙、酒 1 大匙、
鹽 1/3 茶匙、胡椒粉 1/4 茶匙。

做法：

1. 雞腿剁成塊，用調味料拌勻，醃 20 分鐘。
2. 洋蔥切成細條；大蒜切成厚片。
3. 把洋蔥放在鋁箔紙上，拌上少許橄欖油，再將雞塊放在上面，撒下大蒜，包好鋁箔紙。
4. 烤箱預熱至 220 ～ 240℃，放入雞腿烤 20 分鐘，打開鋁箔紙，再烤 10 分鐘，至雞腿表面焦黃，取出上桌。

大人小孩都愛的美味

菠蘿蝦球

課前預習

重點*1* 蝦子的清潔方式，再複習

蝦子的清潔與處理，在第一堂課的「三鮮乾絲」（第一集 p.25）與第九堂課的「松子鮮蝦鬆」（第二集 p.60），都有教過，不記得或是沒把握的話，記得翻開來再複習一下。

重點*2* 用點大陸妹當作鋪底蔬菜，就很漂亮

菠蘿蝦球在餐廳上菜時，會裝在用麵條或芋頭絲炸成的籃子裡，但是自己在家裡比較難做，所以只需要用新鮮的大陸妹或其他蔬菜鋪底，也非常美觀大方。別忘了，鋪底的蔬菜，一定要擦乾水分，才不會影響蝦球的溫度與口感。

重點*3* 美乃滋沾醬要加點牛奶調和

蝦球的另一個重點是調好沾醬。雖然是以美乃滋為主，但是如果只使用美乃滋，沾醬會太濃稠，建議加點牛奶攪勻，稍微稀釋一點，也更能均勻的沾裹炸好的蝦球。

認識食材

1 草蝦：

因為是蝦球，所以體型大一點的蝦子，炸起來會比較有份量，因此建議選擇草蝦，此外草蝦的肉質也比白沙蝦還要脆，非常適合這道料理。草蝦在傳統市場與生鮮超市都很容易得到。現在的草蝦大多是養殖的，背上的腸沙都非常乾淨，也可以選擇不去腸泥。剝殼時，可以把尾巴留下，看起來會更美觀。

學習重點

1 如何將蝦子背部切開

蝦球，顧名思義是炸好後，蝦子捲得像是一顆球般。而要讓蝦子捲得漂亮，只需要在蝦背上劃開一刀就可以了。切法也很簡單，將蝦子放平，刀子也擺平，從蝦背上剖開，深度達蝦肉的一半，順勢切下一刀就可以了。

2 以玉米粉調粉漿

自己在家裡做的話，建議用玉米粉來調製，口感最剛好。因為玉米粉比較沒有黏性，因此水不要加太多，粉漿要濃一點才能附著在蝦子上。最佳的狀態，是慢慢加水，加到玉米粉都剛好融化即可。

3 測試油溫的好方法

什麼時候該把蝦子放入油鍋中？可以先滴點玉米粉漿到油鍋裡，如果粉漿馬上就浮起的話，就表示油溫已經有 8 分熱了，關火之後，就可以將蝦子放入鍋中，記得將蝦子一隻一隻慢慢放，否則會黏在一起。

開始料理

材料：

小草蝦 15 支、罐頭鳳梨片 4 片、青豆 2 大匙、玉米粉半杯、美奶滋 2 大匙、牛奶 1 大匙。

調味料：

鹽 1/4 茶匙、酒 1/2 茶匙、蛋白 1 大匙、太白粉 1 茶匙。

做法：

1. 草蝦剝殼、留下尾殼，背上剖劃一刀，用調味料拌勻，醃 10 分鐘。
2. 鳳梨片一切為四小片。
3. 玉米粉加少許水調成濃稠狀，放入蝦仁沾裹上玉米粉漿，投入熱油中炸黃，撈出。鳳梨片和青豆也在熱油中快速炸一下。
4. 蝦球和鳳梨、青豆放入碗中的美奶滋中，快速一拌即可。

老師的話

沾裹蝦球的美乃滋沾醬，如果想要多一點不同的味道，可以加一點點黃芥末醬或是番茄醬。

料理課外活動

●百合絲瓜炒蝦球

材料：

蝦子12隻、百合1球、圓筒絲瓜 1/2 條、
蔥 1 支（切段）、薑片 5～6 小片。

調味料：

(1) 鹽 1/4 茶匙、蛋白 1 大匙、太白粉 2 茶匙。
(2) 酒 1 茶匙、水 3 大匙、太白粉 1/6 茶匙、
鹽 1/6 茶匙、麻油數滴。

做法：

1. 選用較大的蝦子，剝殼抽沙後，在背部劃一刀。加鹽抓洗後，用水沖淨，瀝乾水分，並用乾
   布或紙巾擦乾。
2. 蝦仁用調味料（1）拌勻，放冰箱中冷藏 30 分鐘以上。
3. 百合一瓣瓣分開，將外圈黃褐色的地方修剪掉，洗淨、瀝乾。
4. 絲瓜削皮後直切成兩半，再切成半圓片，放入加了鹽的熱水中燙熟。撈出、排入盤中。
5. 百合也快速燙一下，撈出。
6. 鍋中將 1/2 杯油燒至 9 分熱，倒下蝦仁，大火過油炒至蝦仁彎曲成球狀，便可瀝出。
7. 另用 1 大匙油爆香蔥段、薑片，放入蝦球、百合及調勻的調味料（2），大火迅速拌炒均勻
   即可起鍋，盛在絲瓜上。

◯四色鳳尾蝦

材料：
小型草蝦或大沙蝦 8 隻、香菇 2 朵、熟火腿絲 2 大匙、蛋 1 個、營養豆腐半盒、豌豆莢酌量、清湯半杯。

醃蝦料：
鹽 1/4 茶匙、太白粉 1 茶匙、酒 1 茶匙。

蒸香菇料：
醬油 1 大匙、糖 1/2 茶匙、油 1 茶匙。

調味料：
清湯 1/2 杯、鹽少許、太白粉水適量。

做法：

1. 剝殼、但留下尾部一截，抽去腸砂，從蝦背剖開成一大片，並用刀拍平。用醃蝦料拌醃一下。
2. 香菇泡軟，連汁與蒸香菇料一起蒸 15 分鐘，取出，待涼後切絲。
3. 蛋打散做成蛋皮，切絲；豌豆莢切絲；半盒豆腐先對半切為二，再橫著片三刀，共 8 片，平鋪在盤底，豆腐撒上少許鹽。
4. 四種絲料各取 3～4 條，橫放在蝦身上，再將蝦尾彎曲一下，排在豆腐上。入蒸鍋以大火蒸 4 分鐘。
5. 取出後湯汁泌到鍋中，再加清湯半杯及鹽少許，煮滾勾芡，澆到蝦上即可。

香酥好吃的手工菜
豆腐響鈴

課前預習

重點*1* 什麼是響鈴

　　這道菜叫做豆腐響鈴，響鈴這兩個字是形容吃起來的時候，炸得酥脆的豆腐衣，一咬下去的聲響，非常詩意的一個菜名。

重點*2* 老豆腐

　　這道手工菜中使用的豆腐，不希望有太多水分，因此選擇老豆腐。但現在比較少見了，如果妳能夠在傳統市場上看見，豆腐表面有兩橫兩直的線條，就是老豆腐。真的買不到老豆腐，也可以買嫩豆腐回家，再壓出水分即可。找一個有深度的盤子，放上豆腐後再蓋上盤子，壓上有重量的東西，壓約 1 個小時，把水都壓出來，就可以當作是老豆腐來使用了。

認識食材

1 豆腐衣：

豆腐衣可以在賣素料的攤子上買到，是一張一張賣的。豆腐衣有個缺點就是在空氣中不耐放，會變脆而破掉，因此，不管買幾張，要使用時，一次拿一張就好，其他的就繼續放在塑膠袋中，盡量不要接觸到空氣。

學習重點

1 低溫油炸的原因

豆腐衣非常容易炸焦，因此要在低溫，約 4 分熱的油中慢慢炸熟。如此一來慢慢加熱的過程中，熱氣一層一層的進入，才會有酥脆的口感。如果只用熱油鍋炸的話，最外層的豆腐衣立刻就被炸焦，但是內層就無法炸透，就會失去口感的層次。

2 炸熟的判斷

當豆腐響鈴炸透了，內層也都熱了的時候，會稍微膨脹，就可以撈起來了。另外，也可以用顏色來判斷，當外皮變成漂亮的金黃色時，表示炸熟了。記得把響鈴都撈起來後再關火，免得油溫一降，豆腐響鈴會吸進更多油。

3 包豆腐響鈴的方法

將餡料放在豆腐衣的底部，將餡料輕拍緊實，拉起豆腐衣的一角，以直角三角形的形狀，不斷包捲。最後還可以用封口的麵粉糊，來填補沒有包好的縫隙。

開始料理

材料：

老豆腐 2 方塊、香菇 1～2 朵、蝦米 1 大匙、榨菜碎屑 1 大匙、蔥屑 1 茶匙、
麵粉糊適量、豆腐衣 3 張。

調味料：

醬油 1 茶匙、鹽 1/4 茶匙、糖 1/4 茶匙、麻油 1/2 茶匙。

做法：

1. 豆腐擦乾水分，仔細地用刀面壓成泥，再以紙巾盡量吸乾水分，放碗中備用。

2. 香菇泡軟，切成小粒，仔細剁碎；蝦米泡軟後，摘除硬殼，剁碎。

3. 炒鍋中用 2 大匙油先爆香蔥屑和香菇屑，加入蝦米和榨菜屑再炒，加入醬油、鹽和糖，並淋下 2 大匙泡香菇水，煮至汁收乾。放下豆腐泥再炒勻，嚐一下味道，再加調味料調整味道，滴下麻油，盛出、待涼。

4. 要包之前，才將豆腐衣由塑膠袋中取出，切除兩邊尖角，再橫切成 4 公分寬的長條。

5. 豆腐衣上放約 1 大匙的豆腐料，將豆腐料壓成三角形，用豆腐衣包捲起來，封口處用麵粉糊黏住。

6. 炸油燒至 4～5 分熱，放入豆腐捲，以小火慢慢炸至外層酥脆，最後 10 秒改大火炸，撈出，瀝乾油、裝盤，可附花椒鹽上桌沾食。

老師的話

喜歡吃臭豆腐的人，也可以將老豆腐換成臭豆腐，也非常好吃。

料理課外活動

●紙包雞

材料：

去骨雞腿 2 支、熟火腿 12 片、香菇 2 朵、香菜葉 12 枚、玻璃紙 12 小張（10 公分正方）、麻油 2 大匙。

調味料：

醬油 2 大匙、鹽 1/4 茶匙、糖 1/2 茶匙、酒 1 大匙、胡椒粉 1/4 茶匙。

做法：

1. 雞肉切成 3X5 公分之大薄片（共 12 片），全部放在碗裡，加入調味料拌勻，醃約 15 分鐘。

2. 香菇用溫水泡至軟且透之後去菇蒂，每片切成 6 個三角形。

3. 熟火腿（可用西洋火腿）切成大小相仿的尖角小片。

4. 在玻璃紙的中央先刷上少許麻油，放上香菜葉、香菇及火腿各一片，然後蓋上一片雞肉。先將兩個尖角對折，再將兩邊像內折起，包裹成長方形小包。

5. 將油燒至 8 分熱，投下紙包雞，需正面朝下投入油中。用小火慢炸，以免把玻璃紙炸焦，炸約 2 分鐘。

6. 至雞肉已變白而夠熟時撈出，瀝乾油漬，排入盤內。

燒素黃雀

材料：

老豆腐2方塊、香菇2朵、青江菜3棵、
蛋2個、豆腐衣4張。

調味料：

（1）鹽1/4茶匙、醬油2茶匙、糖少許、
麻油1/2茶匙。

（2）淡色醬油1大匙、糖1茶匙、水2/3杯、
麻油少許。

做法：

1. 老豆腐去硬邊、壓成泥；香菇泡軟、剁碎。
2. 青江菜燙過、沖涼，剁碎後擠乾水分；蛋打散，炒成小碎片。四種材料一起放在大碗中，加
   調味料（1）拌勻。
3. 豆腐衣每張切成2張，在每小張的尖角處放1大匙之豆腐餡料，捲起成一長條捲筒狀，抓
   起兩邊打一個結。
4. 鍋中燒熱2大匙油，將豆腐包一一排入鍋中，微微煎黃底部後，淋下醬油、糖及水，蓋上鍋
   蓋燒約1～2分鐘。
5. 燒至僅剩下少許湯汁，滴下麻油少許便可裝盤。

經典的廣東名菜

咕咾肉

課前預習

重點*1*　咕咾肉的小故事

咕咾肉這個名字，其實是原本菜名的發音，經過口耳相傳後而發展出來的諧音。原本是指用古老的滷汁煮出來的肉，叫做古滷肉。同時這也是在外國人心中，最受歡迎的幾道廣東菜之一。

重點*2*　廣東人的泡菜，酸果

酸果，是廣東人的泡菜。準備做這道咕咾肉之前一天，或至少6小時前，就要先將酸果準備好。在廣東菜館中，酸果經常拿來當作鋪底或陪襯的小菜。當在家做廣式料理時，妳也可以如法泡製。如果喜歡吃又沒空自己做的話，現在，超市也有現成的酸果可以買。

重點*3*　二次油炸的不同目的

這道咕咾肉需要經過兩次的油炸。第一次的油炸，是為了將食材炸熟。而第二次再炸，就是為了炸出漂亮的顏色，所以油溫也需要比較高一點。炸肉剩下的油，會帶點肉香，可以留著當平常炒菜的油。

認識食材

1 梅花肉：

咕咾肉使用的豬肉部位，可以選擇梅花肉的尾端，或是直接買前腿肉也可以。買梅花肉尾端的話，要事先把肉上的白色筋修剪掉，以免等炸好之後，吃的時候很難咀嚼。相較於梅花肉，前腿肉也可以選瘦的部分或是小裡脊肉來用。

學習重點

1 自己在家做廣東泡菜

酸果自己做也非常簡單。準備新鮮的白蘿蔔、胡蘿蔔和黃瓜。先將三項食材切成長條或菱形，胡蘿蔔和白蘿蔔一起放到容器裡或塑膠袋內，放點鹽巴抓一抓、醃著，需時 2 小時。黃瓜去籽後，一樣切長條或菱形，放入鹽巴，醃約 1 個小時。

待出水擠乾水分後，再一起放入另一個塑膠袋內，放入糖和醋，糖與醋的比例相同，也可以再加入等量的冷開水泡著，泡 6 個小時以上，就完成了。

2 醃肉的配方

為了讓肉塊炸過之後看起來是酥酥黃黃的漂亮顏色，因此醃料中會用淡色醬油來協助上色。再加上一顆蛋黃，則可以讓肉更加香酥、一點鹽增加鹹度、少許白胡椒粉，再加一點點水與太白粉，增加肉的滑嫩度與口感，攪勻後就可以將肉塊放進去醃了。

3 炸之前的裹粉不要太厚

咕咾肉要下鍋之前，還要沾上一層太白粉，切記不可以裹得太厚，否則不只口感不好，裹粉要是太厚，在炸的過程中也有可能會脫落。裹好粉後，可先擺放一下回潮，減少乾粉。

開始料理

材料：

梅花肉（或前腿肉）300 公克、青椒 1 個、黃瓜 2 條、胡蘿蔔半條、白蘿蔔 1/4 條、
罐頭鳳梨 3 片、太白粉半杯。

調味料：

（1）醃肉用：醬油 2 茶匙、太白粉 1 大匙、鹽、胡椒粉各少許、水 1 大匙、蛋黃 1 個。
（2）白醋 4 大匙、糖 4 大匙、水 5 大匙（或用 2/3 杯醃酸果的糖醋汁）、
　　　番茄醬 4 大匙、鹽 1/2 茶匙、太白粉 1 大匙、麻油 1 茶匙。

做法：

1. 豬肉橫片開，用刀背敲鬆，切成小塊，碗中調好醃肉料，放入肉塊拌醃半小時以上。
2. 黃瓜、胡蘿蔔和白蘿蔔都切成菱角形，撒鹽醃 1 小時以上，用水沖洗並擠乾水分，
   加入糖醋汁（糖、白醋和水等量）中泡 6 小時以上。醃泡好的即為酸果。
3. 肉塊醃好後沾上太白粉，投入 7 分熱油中，以中火炸熟。
4. 撈出肉塊，重新將油燒至 8 分熱，放下肉塊大火炸 10 分鐘，撈出，瀝乾油漬。
5. 另用 2 大匙油炒切塊的青椒和酸果，倒下調好的調味料（2），煮滾後加入鳳梨塊
   和肉塊，快速一拌即可裝盤上桌。

老師的話

　同樣的方法，你也可以將豬肉替換成雞肉，做成咕咾雞球，
想換換口味時可以自己變化一下。

料理課外活動

⬭糖醋排骨

材料：

小排骨 400 公克、洋蔥 1/4 個、小黃瓜
1 條、番茄 1 個、鳳梨 3～4 片、蔥 1 支、
大蒜 2 粒、番薯粉 1/2 杯。

調味料：

（1）鹽 1/4 茶匙、醬油 1 大匙、胡椒粉少許、
麻油 1/4 茶匙、小蘇打粉 1/4 茶匙。

（2）番茄醬 2 大匙、白醋 1 大匙、烏醋 2 大匙、
糖 3 大匙、鹽 1/4 茶匙、酒 1/2 大匙、麻
油 1/4 茶匙、水 4 大匙、太白粉 1 茶匙。

做法：

1. 小排骨剁成約 3 公分的小塊，用調味料（1）拌勻醃 1 小時，沾上番薯粉。
2. 洋蔥切成方塊；小黃瓜切小塊；番茄一切為六塊；鳳梨切成小片；大蒜切片；蔥切段。
3. 燒熱炸油，放入小排骨，先以大火炸約 10 秒，再改以小火炸熟，撈出排骨。將油再燒熱，
   放入排骨大火炸 10 秒，將排骨炸酥，撈出瀝淨油。
4. 用 1 大匙油炒香洋蔥和大蒜，放入番茄、蔥段和黃瓜，炒幾下後，加入調味料（2）和鳳梨，
   炒煮至滾，最後放入排骨一拌即可裝盤。

○京都子雞

材料：

去骨雞腿 2 支、洋蔥絲 1 杯、白芝麻 1 大匙。

調味料：

（1）醬油 2 大匙、酒 1 大匙、太白粉 2 大匙、麵粉 2 大匙、水 3 大匙。

（2）番茄醬 2 大匙、辣醬油 1 大匙、A1 牛排醬 1 又 1/2 大匙、清水 4 大匙、糖 1/2 大匙、麻油 1/4 茶匙。

做法：

1. 將雞腿剁成長條塊，用調味料（1）拌勻，醃 30 分鐘以上。
2. 用少量油炒熟洋蔥絲，加鹽調味，盛放在盤內。
3. 燒熱 4 杯炸油，放入雞腿，以中火炸 2 分鐘，撈出。
4. 再將油燒熱，放入雞肉，以大火炸脆外表即可撈起，瀝乾油漬。
5. 油倒出，再把調勻的調味料（2）倒入鍋中，炒煮至滾。
6. 放入雞腿和醬汁炒勻，盛放至洋蔥上，再撒下白芝麻。

第十四堂課

金針雲耳燒子排

三杯杏鮑菇

西炸蝦排

家常麵疙瘩

家常宴客兩相宜
金針雲耳燒子排

課前預習

重點1　菜餚的創意來源

　　這道菜源自於廣東菜中的一道名菜：家鄉焗雞。這同時也曾經是中餐乙級檢定考試的考試主題，其中一個重點便是要將整隻雞，切塊排盤。不過，因為現代年輕人的小家庭，比較少用剁刀，甚至沒有剁刀，所以將主要食材，改已剁好的子排替代，一樣美味。

重點2　可以一次多燒一點

　　由於這道菜燒的時間比較久一點，至少需要接近2個小時，加上搭配的蔬菜，金針菜、木耳、竹筍，都是不怕重複加熱的耐煮食材，因此可以一次多燒一點，至少也可以分成兩餐來吃。

重點3　爆香蔥薑時，油量不要太多

　　一開始爆香蔥、薑時，油可以不必加太多，因為子排本身也富含油脂，下鍋一起拌炒時，油份也會釋放出來。

認識食材

1 子排：

會選擇豬肉的這個部位，是因為去掉皮、油，又帶著骨頭，燒起來會比單純用五花肉來得有香氣。一次採買的數量，可以買 2～3 條，請肉販剁成小塊，若是要宴客時，則是可以剁大塊一點。關於子排的食材特色，可參考第七堂課「香蔥燒子排」（第二集 p.8）。

2 水發木耳（乾木耳）

目前大陸東北地區已經被規劃成菇菌種植區，因為東北氣候較冷，所以木耳的肉比較厚，既營養又好吃。如果有機會到大陸去玩，可以到超市買幾包無根的乾木耳回來做菜。

學習重點

1 冰糖的用途

等到酒和醬油的香氣都已經飄散出來，就可以加入冰糖。冰糖的作用在於讓燒出來的顏色，有光澤，比較美觀。

2 加配料的時間

子排燒了 1 個小時又 20 分鐘左右時，再來加入竹筍和木耳等配料。金針菜，則是在最後起鍋前 10 分鐘再放入一起燒就可以了。如此一來，配料食材本身的味道，就不會因為久煮而消失。加配料的時候，也別忘了一併把蔥段挑出來。

開始料理

材料：

子排600公克、金針菜1小把、水發木耳2杯、筍1支、薑2片、蔥2支、
八角1顆。

調味料：

酒1大匙、醬油2大匙、糖2茶匙、鹽適量。

做法：

1. 子排在開水中燙過，撈出並洗乾淨；金針菜泡軟，摘去硬頭；水發木耳摘乾淨；筍
   切厚片；蔥切段。
2. 鍋中燒熱2大匙油，放下蔥段和薑片爆炒至香，放下子排，淋下酒和醬油炒一下，
   注入水2杯半，並放下冰糖，煮滾後改小火，煮約1個多小時。
3. 再加入筍片、木耳繼續煮約20分鐘。
4. 最後再加入金針菜，再煮10～15分鐘，略收乾湯汁即可。

老師的話

加入最後一項配料金針菜時，可以一併嚐嚐味道，試試甜鹹
度。不夠鹹的話，再以鹽來調味。

料理課外活動

洋蔥燒子排

材料：

五花肉排 600 公克、洋蔥 2 個、月桂葉 3 片、八角 1 顆。

調味料：

酒 3 大匙、醬油 7～8 大匙、冰糖 1 大匙。

做法：

1. 如請客時，可將排骨 4～5 支連在一起燒，也可以一支支分開，剁成約 5 公分長段。用水氽燙掉血水，撈出。

2. 洋蔥切成寬條，用油炒至黃且有香氣透出，盛出 2/3 量留待後用。

3. 排骨放在洋蔥上，淋下酒和醬油煮滾後，注入水 3～4 杯，水要蓋過排骨，煮滾後改小火燉燒約 2 小時。

4. 燉煮至排骨夠爛，在關火前約 15 分鐘時，放下預先盛出之洋蔥，一起再燉煮至洋蔥變軟且入味。

●無錫肉骨頭

材料：
五花肉排 600 公克、豆苗 200 公克、蔥 2 支、薑 3 片、八角 1 顆、桂皮 1 小片。

調味料：
醬油 6 大匙、酒 2 大匙、老抽醬油 1/2 茶匙、冰糖 2 大匙、麻油少許。

做法：

1. 子排剁成約 5 公分的長段，用醬油泡 20 分鐘，用八分熱的油炸黃，撈出。
2. 另起油鍋煎香薑片和蔥段，倒入剩下的醬油，加入酒、八角、桂皮和開水 3 杯，煮滾後加入排骨，以小火燒煮 1 又 1/2 小時。
3. 加入老抽醬油和冰糖，再燒約半小時以上，見排骨已燒得十分爛，收乾湯汁，淋少許麻油，盛入盤中。
4. 豆苗快炒至熟，加鹽調味，瀝乾水分，排入盤中。

豪邁的台式滋味
三杯杏鮑菇

課前預習

重點*1* 三杯是什麼

大家耳熟能詳的三杯雞，其實是啤酒屋的大廚們的巧思，為了讓大家喝多點酒，所研發出來的菜色。所謂的三杯，指的就是醬油、黑麻油與米酒，各取1杯的量來拌炒雞肉，並且收乾醬汁的一道菜。現代的做法較清淡，已將三種調味料都減少了，但仍保有「三杯」的稱呼。

重點*2* 以醬油膏來代替醬油

今天的示範料理主要材料是杏鮑菇，不必像雞肉需要比較多的時間烹煮，因此，就可以改用醬油膏來替代，也能縮短收湯汁的時間。

重點*3* 用砂鍋裝盤可保溫

在啤酒屋或餐廳點這道菜的時候，多半會用特製的三杯鍋來上菜，如果自己在家裡做，沒有這種鍋具也沒關係，改用小砂鍋也可以，還可以有保溫的效果。

認識食材

1 杏鮑菇：

杏鮑菇在台灣到處都買得到，既便宜，品質也都很好，超市裡多半是盒裝的，比較小條，傳統市場裡的則是個頭比較大，看起來比較過癮。切杏鮑菇的方法有兩種。可以用手撕，順著紋理，撕成粗條狀，比較有口感。若想吃到吸飽湯汁杏鮑菇，可以選擇用滾刀切。

2 白果：

白果就是銀杏，有防止頭腦老化的優點，可以偶爾加入菜餚裡。白果可以買到新鮮的、罐頭的以及真空包裝三種選擇。新鮮的白果味道最好，有一股香氣，有時間的話，就買新鮮的回來自己剝殼。只需要用剪刀刀把的缺口夾一下就可以輕鬆去殼，內層的膜也只要泡熱水 10 分鐘左右，也可以輕鬆的去掉。

學習重點

1 滾刀切

滾刀切是中菜刀法的一種，指的是切食材時，每一刀切下後都轉一下，稍微換個方向再切，把食材切成不規則的塊狀。也可以反過來將食材變換方向，以杏鮑菇來說，切一刀後，往前或往後滾一點，再切一刀，也可以切出不規則的塊狀。

2 杏鮑菇的水分處理

杏鮑菇是海綿體，很容易吸水。因此快速清洗一下後，千萬不要泡水，用廚房紙巾包裹住，吸乾水分。否則，下油鍋炸的時候，杏鮑菇會不斷出水，就會產生油爆，也會影響口感。

開始料理

材料：

杏鮑菇 6 支（400 公克）、白果 20 粒、大蒜 10 粒、薑 10 片、紅辣椒 2 支、
九層塔 3 支。

調味料：

黑麻油 1/4 杯、米酒 1/4 杯、醬油膏 1/4 杯、糖適量調味。

做法：

1. 杏鮑菇擦乾淨後切成滾刀塊；白果去殼後再泡熱水去掉內膜，加水後放入電鍋中蒸
   10 分鐘；紅辣椒切斜段；九層塔摘好。
2. 鍋中燒熱炸油，放入杏鮑菇大火炸至微皺，撈出。
3. 鍋先燒熱後，再將黑麻油燒至 7 ～ 8 分熱，放下大蒜及薑片爆香，再將杏鮑菇和白
   果入鍋，以大火煸炒一下，入米酒和醬油膏，大火拌炒，燜煮 3 分鐘。
4. 適量加糖調味，放下紅辣椒，再拌炒至湯汁收乾，放下九層塔一拌即可。

老師的話

不同品牌的醬油膏甜度不同，因此糖的用量可以依照口味斟酌。

料理課外活動

三杯雞

材料：
仿土雞 1/2 隻（約 1.2 公斤）、大蒜 10
粒、老薑片 10 ～ 12 片、紅辣椒 1 ～ 2
支、九層塔 3 ～ 4 支。

調味料：
黑麻油 1/3 杯、米酒 1 杯、醬油 1/3 杯、
冰糖 1/2 大匙、熱水 1 杯。

做法：

1. 雞洗淨，剁成約 2 公分寬的塊；大蒜小的不切、大粒的一切為二。

2. 鍋燒熱，放入麻油，加熱至 5 分熱時，放入薑片，以小火慢慢煎至香氣透出。

3. 帶薑片水分減少時，放入大蒜一起炒炸，至大蒜變黃時，放入雞塊，改成大火翻炒。

4. 炒至雞肉變白，沒有血水時，加入其餘調味料煮滾，再倒入燒熱的砂鍋或鐵鍋中。
   蓋上鍋蓋，用中小火煮至雞肉熟透且水分收乾，約 15 ～ 20 分鐘。

5. 放入切斜片的紅辣椒拌炒一下，再放入九層塔葉，拌一下即可。

⌂蒜油浸鮮菇

材料：
洋菇 1 盒、新鮮香菇 6 朵、鴻喜菇 1 把、大蒜 1～2 粒、蝦米 1 大匙、九層塔葉數片

調味料：
橄欖油 3 大匙、米醋或水果醋 3 大匙、鹽、胡椒粉適量

做法：

1. 各種菇類快速沖洗一下，瀝乾。洋菇和香菇切成片；鴻喜菇分成小朵。

2. 大蒜拍碎、再剁細一點。蝦米泡軟，摘去頭角硬殼，大略切幾刀。九層塔葉子剁碎，用紙巾吸乾水分。

3. 鍋中燒滾 5 杯水，水中加鹽 1 茶匙，放入菇類快速燙一下，撈出，盡量瀝乾水分，可以用紙巾吸乾一點，放入一個碗中。

4. 鍋中燒熱 1 大匙油，煎香大蒜屑和蝦米屑，連油倒入裝菇的碗中。

5. 加入醋等調味料拌勻，放至涼，移入冰箱浸泡 1 小時以上。吃的時候撒下九層塔末拌勻即可。

安琪老師家的必備年菜

西炸蝦排

課前預習

重點 1　西炸是什麼

同樣是炸，也有很多種不同的方式。裹了乾粉的稱做乾炸，裹上地瓜粉的叫做酥炸。西炸就是日式炸豬排的手法，食材分別在麵粉、蛋液和麵包粉中沾裹，再下鍋油炸。特色是炸後口感酥酥脆脆的。

重點 2　變化食材衍生的美味

這道蝦排原本的食材是明蝦，但是明蝦比較貴，所以母親就想出了用小一點的蝦子取代的方法，既保有了蝦子的鮮甜，客人多的時候，也可以省下一點食材費用。另外，使用小型的蝦子，也很適合做給家中的孩子吃。

重點 3　油溫高低的取捨

並非只要是油炸，就非用高油溫，例如，上一堂課教的豆腐響鈴。今天示範的蝦排，沾了麵包粉的炸物，油溫都不能太高。高油溫，會讓麵包粉一下子就會焦掉了，但是太低的油溫，低於 6 分熱的油溫，則會讓裹粉都散開來。因此，下鍋前一定要用麵包粉糊測試一下油溫，當丟下的粉糊，沉入油中一半，就從油鍋中浮起的時候，就是最適當的油溫。

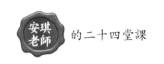

認識食材

1 白沙蝦：

　　現在買白沙蝦非常方便，還提供宅配，從養殖場中直接急速冷凍，以大小來分別裝盒，非常新鮮好用。在這道西炸蝦排中，蝦子會串成一排，其實用小一點的蝦子也就可以了。白沙蝦的特性與清潔方式，可參考第一堂課的「三鮮乾絲」（第一集 p.24）。

學習重點

1 想使用明蝦做蝦排時

　　想要用明蝦來製作蝦排的話，記得將明蝦腹部的白筋也抽掉，這樣蝦子就不會捲起來，再從背部劃一刀，攤平拍一拍，形成一大片的蝦肉，再接著用同樣的方式處理就可以了。

2 沾的順序要記住

　　下鍋油炸之前，蝦子要沾上三種沾料，分別是麵粉、蛋液和麵包粉。三者有一定的順序，要先沾麵粉，才能讓蝦子順利的再沾裹上蛋液，沾了蛋液後濕濕的狀態也才能再沾上麵包粉。

3 不要害怕油鍋

　　許多人會很害怕油鍋，事實上，蝦排都裹滿了乾麵包粉，並不會油爆，而且反而靠近一點，輕輕地放入蝦排，會比因為害怕站得遠遠的丟，讓油濺出來，還要安全。

開始料理

材料：

小蝦 24 隻、麵粉 2/3 杯、蛋 1 個、麵包粉 1 杯、牙籤 8 支。

調味料：

鹽、胡椒粉適量。

沾醬：

番茄醬、梅林辣椒醬。

做法：

1. 蝦沖洗後剝殼，抽掉腸泥，放入碗中，撒下調味料略拌一下。用牙籤將每 3 支蝦串在一起成一排，做成 8 排。

2. 蛋打散；麵粉和麵包粉分別放在 2 個盤子裡。

3. 蝦排先沾麵粉，再沾蛋汁，最後沾滿麵包粉，備炸。

4. 鍋中 3 杯炸油燒至 140℃（7 分熱），改成小火，放入蝦排，炸約 40～50 秒鐘，改成大火，再炸 10 秒左右。見蝦排已成金黃色，撈出，在漏杓上放一下，瀝乾油漬，或放在紙巾上吸掉一些油份。

5. 裝盤後附上沾醬上桌。

老師的話

如果要招待客人，可以事先將蝦子串好備用，等到要上菜前再下鍋炸即可。

料理課外活動

◯香酥雞排堡

材料：
雞腿上半部4支、生菜葉4片、番茄片4片、
漢堡麵包4個、洋蔥末2大匙、酸黃瓜末1大
匙、美奶滋3大匙、炸雞粉1杯、起酥粉1杯。

調味料：
鹽1茶匙、胡椒粉少許、蛋1個。

做法：

1. 選用筋較少的雞腿上半部，用刀在肉面上斬剁數刀，再用調味料拌勻，醃20分鐘。
2. 將1/4杯的炸雞粉和1/4杯的酥炸粉加2/3杯水調成稀糊狀。再把剩下的兩種粉料各3/4杯
   混合均勻。
3. 洋蔥末、酸黃瓜末和美奶滋調勻，塗在烤熱的麵包上，再分別放上切條的生菜葉和番茄片。
4. 雞腿先沾滿一層粉料，再在麵糊中沾一下，再沾上粉料。
5. 炸油5杯燒至8分熱，放下雞腿，改成小火炸熟，約炸2分半鐘，取出。
6. 油再燒熱，放下雞排，用大火炸30秒鐘，撈出，瀝淨油漬，放在漢堡麵包上，夾成雞排堡。

◐西炸鮭魚球

材料：
新鮮鮭魚 120 公克、馬鈴薯 450 公克、洋蔥屑
1/2 杯、麵粉 3 大匙、蛋 1 個、麵包粉 1 又 1/2 杯。

調味料：
鹽 1/2 茶匙、胡椒粉少許。

做法：

1. 馬鈴薯煮軟透後取出，待稍涼後剝去外皮、壓成泥，放在大碗中。

2. 鮭魚抹少許鹽後入鍋蒸熟，剝成小粒。用 2 大匙油炒軟洋蔥屑，連魚肉、調味料一起和薯泥
   仔細拌勻，再分成小粒，搓成圓形。

3. 鮭魚球先沾一層麵粉，再沾上蛋汁，最後滾滿麵包粉，投入熱油中以中火炸黃，瀝乾油裝入
   盤中，可另附沙拉醬或番茄醬沾食。

樸實美好的媽媽味

家常麵疙瘩

課前預習

重點*1* 該準備哪一種麵粉

　　大部分的人家裡，並不會每一種筋度的麵粉都有，也不會每天製作麵點，因此建議準備用途最廣的中筋麵粉就好。

重點*2* 白菜烹煮的時間視季節與喜愛的口感而定

　　麵疙瘩中大量使用的白菜，烹煮的時間長短，可以依照季節與喜愛的口感而定。一般來說，冬天的白菜含水量比較多，比較容易煮得爛。口感方面，喜歡吃脆脆白菜的人，煮約 8 分鐘就可以了，喜歡吃軟爛一點的白菜，就煮到 10 分鐘以上。

重點*3* 麵疙瘩的美味標準

　　好吃的麵疙瘩，湯要清，疙瘩要小又 Q。因此，如果麵疙瘩還有些乾粉沒有攪拌好，就不要放入鍋中，以免讓湯變的糊糊的，就能兼具美味與口感。當所有的麵疙瘩都煮至透明時，就可以淋下蛋汁，準備盛碗上桌了。

認識食材

1 干貝：

除了野生的干貝，現在也有養殖的干貝，價格也不會太貴，所以偶爾在菜餚中加點干貝也無妨。到迪化街大一點的乾貨店裡，還有一種「碎貝」，這集合了在運送或整理過程中碎掉的干貝，價格會比完整個干貝每斤便宜將近 100 元左右，這也是很實惠的選擇。

學習重點

1 干貝入菜的小祕訣

干貝可以運用的菜式很多，煮湯，炒菜都可以。不過，除了加到湯裡頭一起熬煮之外，運用在其他菜式上時，都一定要加水先蒸過。建議一次蒸多一點，再分裝冷凍保存，就能隨時都有干貝可以使用。

2 炒白菜

爆香蔥花之後，就可以加入大白菜拌炒，記得要把白菜炒軟之後，再加水或高湯。因為還沒炒軟就加水或高湯的話，白菜的清甜味就會比較差。

3 麵疙瘩的製作

加水調麵粉的時候，水要以小小細細的水量慢慢加入，一邊用筷子攪拌，就會慢慢形成一顆一顆的小顆疙瘩了。

開始料理

材料：

干貝 4 粒、大白菜 300 公克、蛋 1 個、蔥花 1 大匙、麵粉 2 杯。

調味料：

醬油 2 茶匙、鹽適量。

做法：

1. 干貝放在碗中，加水、水要蓋過干貝約 1 公分，蒸 30 分鐘，燜至涼後略撕散。
2. 白菜切絲；蛋打散。
3. 把麵粉放在大一點的盆中，水龍頭開到非常小的流量，慢慢的滴入麵粉中，一面滴、一面用筷子攪動麵粉，將麵粉攪成小疙瘩。
4. 鍋中用 1 大匙油炒香蔥花，放入白菜同炒，見白菜已軟，加入醬油，再炒香，加入水 5 杯（包括蒸干貝的汁），煮滾。
5. 放入干貝，再加入麵疙瘩，煮滾後改小火再煮一下，至麵疙瘩已熟，加鹽調味，最後淋下蛋汁，便可關火。

老師的話

干貝不方便買的話，也可以用蝦米取代，一樣能和白菜的鮮美搭配得宜。

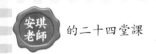

料理課外活動

🥢 胡蘿蔔麵疙瘩

材料：
胡蘿蔔 1 條、全麥麵粉 1 杯（約 1 杯）、
香菇 2 朵、木耳適量、熟筍片 1/2 杯、
青豆仁 1～2 大匙。

調味料：
醬油 1 大匙、鹽適量、香菇粉 1/2 茶匙、
麻油少許、胡椒粉少許。

做法：

1. 胡蘿蔔切成小塊，加少許的水，入果汁機中打碎，去渣取汁備用（約 5 大匙的量）
   或以榨汁機直接榨出汁來用。
2. 全麥麵粉加胡蘿蔔汁，揉成麵糰。
3. 用適量的油炒香菇、木耳和筍片，由鍋邊加入醬油 1 大匙，再注入 5 杯水煮滾。
4. 把麵糰用手拉成薄片，一片片放入湯汁中煮熟，最後再放其餘的調味料和青豆仁，
   煮滾即可。

什錦麵疙瘩

材料：
蛤蜊10粒、馬鈴薯200公克、節瓜100公克、大蔥1/2支、洋蔥1/2個、蒜末1茶匙。

麵疙瘩料：
麵粉200公克、水110公克、鹽1/2茶匙、沙拉油1茶匙。

調味料：
麻油1/2茶匙、鹽適量、胡椒粉適量。

做法：

1. 蛤蜊洗淨、泡鹽水吐沙，放入4杯冷水中煮至滾，撈出蛤蜊，將湯汁靜置，使沙子沉澱。

2. 麵疙瘩料在大碗中和成麵糰、放入塑膠袋中，放冰箱冷藏30分鐘。

3. 馬鈴薯去皮、切厚片；節瓜切片；大蔥切斜片；洋蔥切塊。

4. 鍋中加少許麻油炒馬鈴薯片，加入蛤蜊湯、洋蔥煮約10分鐘，撈棄洋蔥。

5. 取一塊麵糰，用手拉成薄片，投入湯中；另將節瓜和大蔥一起放入滾1分鐘，再放下蛤蜊，煮滾即加鹽調味，關火、裝碗。

6. 吃的時候隨個人喜愛、加胡椒粉或辣椒醬。

第十五堂課

砂鍋魚頭

瑤柱烤白菜

蝦仁餛飩

紅油抄手

名店料理輕鬆做

砂鍋魚頭

課前預習

重點 *1* 砂鍋魚頭的各種版本

砂鍋魚頭已經發展出許多的不同版本。台式的砂鍋魚頭，料多豐富還加了許多火鍋料，但上海式的砂鍋魚頭，配料比較簡單，以粉皮、豆腐為主。今天示範的則是我婆婆的家常版本，多加了大白菜、香菇、筍片等等。其實，要加那些配料，基本上可以看家人的喜好而定。

重點 *2* 以煎代炸

坊間提供這道菜的餐廳，多半會將魚頭放入油鍋裡炸的乾乾焦焦的，再一起煮。不過，自己在家裡做的話，建議以煎取代炸，其一是不必用掉太多的油，而且用煎的，還可以保留住魚頭裡的膠質。

重點 *3* 分三回合加入配料

砂鍋魚頭一起煮的配料，有五花肉、花菇、大白菜、豆腐與粉皮。要分幾個不同的階段下鍋。第一回合是將五花肉、花菇、筍子一起炒香。之後，則是按照食材特性來調整的烹煮時間，所以第二回合才加入白菜和豆腐，起鍋前則是粉皮。把各食材最適合的烹煮時間抓好，做出好吃的砂鍋魚頭一點也不難。

認識食材

1 鰱魚頭：

做砂鍋魚頭一定要用鰱魚頭，因為鰱魚頭裡面有一大塊白白的魚腦，有一點油脂，煮起來非常香，如果用其他的海魚類的頭，煮出來的香氣其實都不如鰱魚。另外，如果你像我一樣，喜歡吃魚肉，就請魚販切的時候多留點魚肉。

學習重點

1 增加香氣的食材

用五花肉是為了增加一點油脂的香氣，也取肉的美味和魚肉的鮮味，形成一個「鮮」字。同樣的，香氣十足、菇肉較厚的花菇，也能增加香味。但是加入辣椒，並不是為了增加辣味，主要是為了去除魚肉的腥味。

2 防止油爆的好方法

害怕油爆的人，可以先用紙巾把魚頭上的醬油擦乾一點，減少水分。放到鍋子裡頭煎的時候，準備一個鍋蓋蓋上，就可以避免油爆。

3 乾粉皮

大家應該都已經知道，我很喜歡使用乾粉皮，不只保存容易，運用的範圍也很廣泛。以這道砂鍋魚頭來說，乾粉皮更是適合。因為耐煮的特性，即便是第二次加熱再吃的時候，粉皮還是一樣很 Q，不會像新鮮的粉皮，完全會被煮糊掉。

開始料理

材料：

鰱魚頭 1 個、五花肉 120 公克、香菇 6 朵、筍 2 支、豆腐 1 塊、白菜 600 公克、新鮮粉皮 2 疊（或乾粉皮一大把）、蔥 2 支、薑 2 片、紅辣椒 1 支、青蒜 1/2 支。

調味料：

酒 2 大匙、醬油 6 大匙、鹽 1 茶匙、胡椒粉 1/4 茶匙。

做法：

1. 魚頭先用醬油和酒泡 10 分鐘。五花肉、泡軟的香菇和筍分別切好。
2. 白菜切寬條、用熱水燙一下；豆腐切厚片；粉皮切寬條；青蒜切絲。
3. 用 5 大匙油將魚頭煎黃，先放入砂鍋中。再把蔥、薑放入鍋中爆香，接著放入五花肉、香菇和筍子等炒至香氣透出。
4. 淋下剩餘的醬油、加入辣椒和調味料，注入水 8 杯，大火煮滾後一起倒入砂鍋中，改以小火燉煮 1 小時。
5. 放下白菜和豆腐燉煮 10 分鐘，煮至白菜夠軟。
6. 最後放入粉皮，再煮一滾（乾粉皮需要先用水泡軟，加入砂鍋中約需要煮 4～5 分鐘）。適量調味後撒下青蒜絲即可上桌。

老師的話

因為白菜會出水，改變湯頭的味道，所以最適當的調味時機，是在白菜已經下鍋煮軟了，即將要放入粉皮之前。

料理課外活動

◉乾燒大魚頭

材料：
鱅魚頭1個、絞肉3大匙、蔥屑3大匙、薑末1大匙、大蒜末1大匙、青蒜丁適量、麻油少許。

調味料：
辣豆瓣醬 1/2 大匙、甜麵醬 1/2 大匙、酒 1 大匙、醬油 4 大匙、糖 1/2 大匙、甜酒釀 1/2 大匙、胡椒粉 1/4 茶匙、水 2 又 1/2 杯。

做法：
1. 魚頭洗乾淨擦乾水分，用 3 大匙醬油泡 10 分鐘，用熱油煎黃兩面，盛出。
2. 另用 3 大匙油炒香絞肉、薑末、蒜末和蔥末，加入辣豆瓣醬和甜麵醬再炒透之後，加入其他調味料，大火煮滾，放下魚頭，用小火燉煮。
3. 約 20 分鐘後翻面再燒，燒時並用鏟子將汁往魚頭上淋，再燒約 20 分鐘。
4. 至湯汁將要收乾時，滴下麻油，撒下青蒜丁即可起鍋。

韓國辣魚鍋

材料：
黃魚 1 條、韓國泡菜 1 杯、白蘿蔔 1/3 條、豆腐 1 塊、茼蒿菜 150 公克、蔥 3～4 支。

調味料：
麻油 2 大匙、酒 1 大匙、清湯 5 杯、韓國紅辣醬 1～2 大匙、鹽 1 茶匙。

做法：

1. 魚打理乾淨，切成段，蘿蔔切厚片（或者用泡菜中的白蘿蔔）。豆腐切厚片。茼蒿菜洗淨。

2. 沙鍋或厚鐵鍋中用麻油 2 大匙炒香蔥段和魚塊，淋下酒和清湯（包括泡菜的湯汁），同時放下豆腐、白蘿蔔和泡菜同煮，約煮 10 分鐘。

3. 加紅辣醬和鹽調味，最後放下茼蒿菜一滾便關火。整鍋上桌，可當做火鍋，邊吃邊加材料同煮。

港式飲茶小點自己來

瑤柱烤白菜

課前預習

重點 *1*　瑤柱的名稱由來

　　瑤柱就是干貝，廣東人不喜歡干貝的發音所產生的聯想。便從貝類所屬的江珧科來發想，稱干貝為瑤柱，也是廣東菜中的一項命名的特色。

重點 *2* 可加紹興酒去腥味

　　雖然對大部分的人來說，干貝的鮮味不會讓人討厭。但如果你覺得還是有一點點腥味的話，可以在蒸干貝時，加入一點紹興酒，就可以去掉腥味。

重點 *3* 廣東人口中的「焗」

　　廣東菜的焗，就是放進烤箱烤的意思。和西餐的焗烤相同。因此，最後在進烤箱前，灑上的起司粉，是用乾的帕馬森起司，不用會牽絲的起司絲，只要烤過之後，形成金黃的表面就可以了。

認識食材

1 元貝（干貝）：

到乾貨行採買時，可以不必購買完整的元貝，可以選擇買散貝，也就是不完整的、散開的，價錢會比較低。其實，只要看貝柱的大小相同，鮮度就是相同的，所以建議購買大顆元貝的碎貝。

2 結球白菜：

結球白菜在台灣幾乎一年四季都可以買到，只有因為季節不同，而影響菜的味道，通常冬天會比較清甜些。比起長形的東北大白菜，結球白菜的菜片比較厚，適合炒、燉湯，也很適合這道烤白菜。

學習重點

1 白醬製作

不論是焗烤或是濃湯，白醬的做法都是一樣的，因此學會了以後，也有很多菜餚可以運用。白醬在餐廳裡的作法，是用奶油炒麵粉，但是自己在家裡做的話，因為奶油比較容易燒焦，所以還是建議使用一般烹調用油來炒，最後再加入一點奶油增加香氣就可以了。油和麵粉的比例為 1：1，使用中筋麵粉。

炒麵粉的時候，也可以使用打蛋器，比較能夠輕易地把麵粉打散，當看到油和麵粉都結合了之後，要再多炒一下，讓麵粉脫生。炒熟後，要加高湯時，務必要記住，加入的湯水，必須是冷的，因為熱的湯水會將麵粉燙熟結塊。而加入高湯時，水要一點一點的加，邊加邊攪拌，就像勾芡一樣。

最後，再加入鮮奶油或全脂鮮奶，攪拌均勻，就可以做出漂亮的白醬了。

開始料理

材料：

瑤柱（干貝）6 粒、白菜 1 公斤、蔥屑 1 大匙、麵粉 3 大匙、奶油 1 大匙
鮮奶油 2 大匙（或鮮奶 1/3 杯）、起司粉 2 大匙。

調味料：

鹽 1/2 茶匙、清湯 2 杯半。

做法：

1. 瑤柱沖洗一下，加水 2/3 杯，蒸 30 分鐘，放涼後略撕碎。

2. 白菜切成 2 公分寬段，用油炒軟，加少許鹽調味，盛出白菜，湯汁和蒸瑤柱的汁一起加入清湯中留用。

3. 用 3 大匙的油炒香麵粉，加入清湯，邊加邊攪勻成麵糊，再加入奶油和鮮奶油（或鮮奶）攪勻。放入瑤柱拌勻，盛出 1/4 量。

4. 把白菜放入瑤柱糊中拌勻，裝入烤碗中，淋下先盛出的糊，再撒下起司粉。

5. 烤箱預熱至 240℃，放入白菜烤碗，烤至表面呈金黃色，取出。

家裡沒有烤箱的人，將白菜和奶油糊一起拌炒過後，也就是
一道奶油白菜了。

料理課外活動

⬭蟹肉烤白菜

材料：
蟹腿肉 150 公克、大白菜 600 公克、蔥
屑 1 大匙、麵粉 3 大匙、鮮奶油 2 大匙、
Pamesan 起司粉 2 大匙、麵包粉 1 大匙。

調味料：
鹽 1/2 茶匙、清湯 2 杯。

做法：

1. 白菜切成 2 公分寬段、用油炒軟，加少許鹽調味，盛出白菜，湯汁留用。
2. 蟹腿肉自然解凍後，用水快速沖一下，瀝乾水分，小心地、一條條分開，拌少許太
   白粉和鹽，醃 10 分鐘，放入滾水中燙 5 秒鐘，立即撈出。
3. 用 3 大匙油炒香麵粉，加入清湯，邊加邊攪勻成麵糊，放入白菜和蟹腿肉拌勻，盛
   出、裝入烤碗中，撒下起司粉和麵包粉。
4. 烤箱預熱至 230℃～ 240℃，放入烤碗，烤至表面呈金黃色，取出。

起司焗鮮魚

材料：

圓鱈魚肉 300 公克、洋菇 6 粒、青花菜 1 小棵、洋蔥丁 2 大匙、奶油 1 小塊、麵粉 4 大匙、鮮奶油 2 大匙、水或清湯 2 又 1/2 杯、Parmesan 起司粉 1 ～ 2 大匙、披薩起司 1 ～ 2 大匙、吐司麵包 2 ～ 3 片。

調味料：

（1）鹽 1/4 茶匙、胡椒粉少許、太白粉 1 大匙。
（2）鹽、胡椒粉各適量調味。

做法：

1. 鱈魚去皮去骨後，將魚肉斜切成厚片，拌上調味料（1），醃約 20 分鐘。青花菜分成小朵，燙熟、沖涼。洋菇切片。土司麵包烤黃，切成小片。
2. 煮滾 4 杯水，放入魚片小火燙 10 秒鐘左右即撈出。
3. 燒熱 3 大匙油，炒香洋蔥和洋菇，加入麵粉炒黃。慢慢加入清湯，攪拌成均勻的糊狀，調味後拌入奶油和鮮奶油調勻，關火。
4. 烤碗底部鋪放土司片和少許麵糊料，再將魚片和青花菜全部裝好，蓋上剩餘的麵糊，撒下起司粉和起司絲。烤箱預熱至 240℃，放入烤碗，用上火烤至起司融化且呈金黃色（約 12 ～ 18 分鐘）。取出趁熱食用。

上海式美味餛飩
蝦仁餛飩

課前預習

重點 *1* 上海式餛飩湯的特色

上海人吃餛飩，通常會有些配料，常用的配料有榨菜絲和蛋皮絲。榨菜絲可以先放在大碗裡，滴入一點麻油和醬油，再將煮餛飩的水加入，就是高湯了。蛋皮絲，則是最後擺上。

重點 *2* 菜肉餛飩也很好吃

除了蝦仁餛飩之外，上海的餛飩還有菜肉餛飩。菜肉就是肉餡加入薺菜或青江菜的餛飩。冬天時，別忘了用薺菜自己做一道上海式的菜肉餛飩嚐嚐。

重點 *3* 大不相同的溫州餛飩

在外面的餐飲店中，還常見到溫州餛飩。溫州餛飩比起上海式餛飩，還要大些，以純肉餡為主，包的方法也完全不同，影片中也有示範，有興趣的人也可以試試看。

認識食材

1 餛飩皮：

傳統的上海式餛飩用的是比較厚的餛飩皮，但是，我比較喜歡薄而大一點的，但是除非特殊店家，否則很難在市場中買到。所以，使用常見的小一點而薄的餛飩皮也可以，但要留意將餡料中的蝦仁丁，切小塊一點，以免戳破餛飩皮。

2 前腿絞肉：

還記得第三堂課「三鮮鍋貼」（第一集 p.70）示範時，提醒過的絞肉處理法，以及肉餡怎麼打水嗎？趕緊複習一下。要注意的是，餛飩餡不要加太多水，免得打水後太稀，會比較不好包。

學習重點

1 蛋皮絲的做法

放在餛飩湯上面的蛋絲，煎的時候油不要放太多，免得蛋汁跟著油跑來跑去。不擅於將蛋皮翻面的話，可以開小火慢慢的把兩面蛋皮都煎熟。切蛋絲的時候，記得使用熟食砧板和刀具。

2 包餛飩的方法

包餛飩的方法有兩種，可以自行選擇。

第一種方法，是將餡料放在餛飩皮的中心，抓住對角摺成三角形，將三角形尖端往自己的方向垂下，雙手沾了水之後，握住另外兩個角，往另一個方向反摺再黏合。

第二種方法，是長形的，像是個護士帽。將餡料一樣放在餛飩皮的中心，但是要整理成長形，將餛飩皮對折成長條，將上方的餛飩皮朝自己的方向垂下，再握住兩端黏合起來，就可以了。

開始料理

材料：

絞肉 300 公克、蝦仁 250 公克、青江菜 600 公克、蔥 2 支、薑汁 1 茶匙、
餛飩皮 600 公克、榨菜絲、蛋皮絲隨意。

調味料：

鹽 1/2 茶匙、水 4 大匙、醬油 2 大匙、白胡椒粉少許、麻油 2 茶匙。

做法：

1. 絞肉再剁一下，放大碗中加鹽、水和醬油，朝同一方向攪拌至產生黏性，再加入胡椒粉和麻油拌勻。
2. 青江菜燙軟、沖涼後剁碎，擠乾水分備用。
3. 蝦仁加鹽抓洗，用多量水沖洗至沒有黏液，擦乾水分，切成丁。
4. 蝦仁、青江菜拌入絞肉中，再試一下味道，包入餛飩皮中成餛飩。
5. 鍋中煮滾水，放入餛飩以中火煮至浮起（點一次水）。
6. 碗中加調味的清湯（醬油、鹽、麻油各適量），放入餛飩、榨菜絲和蛋皮絲即可。

老師的話

餛飩如果包好冷凍隔餐才吃的話，煮的時候，記得要再加一杯水，再滾一次，確保全熟。

料理課外活動

◯菜肉餛飩麵

材料：
青江菜 300 公克、絞肉 150 公克、餛飩皮 400 公克、細麵 400 公克、清湯或開水 6 杯、榨菜絲適量。

調味料：
鹽 1/3 茶匙、水 2 大匙、淡色醬油 1 大匙、麻油 1 大匙、油 1 大匙。

做法：

1. 青江菜洗淨後放滾水川燙一下，撈出沖冷水，瀝乾水分，再剁碎。
2. 絞肉再剁細一點，加入調味料仔細調拌均勻。
3. 將剁碎的青菜加入肉餡中，調拌均勻，做成餛飩餡料，包入餛飩皮中。
4. 麵碗中放煮滾的清湯，加醬油、鹽、麻油各少許。
5. 水燒開，放入麵條煮熟，放入麵碗中，再放下餛飩煮至浮起，放到麵上，可以再加入適量的榨菜絲。

扁食麵

材料：

瘦絞肉 150 公克、紅蔥酥 1 大匙、薄餛
飩皮 30 張、麵條 300 公克、清湯 6 杯、
芹菜 2 支、香菜適量。

調味料：

（1）鹽 1/4 茶匙、水 2 大匙、白胡椒
　　 粉 1/6 茶匙、麻油數滴。
（2）醬油少許、鹽適量、白胡椒粉少
　　 許、紅蔥酥（連蔥油）2 大匙。

做法：

1. 較大顆粒的紅蔥酥再剁碎一點，加入絞肉中。
2. 再加入其他調味料（1）攪拌成肉餡。挑一點肉餡放在小張餛飩皮上，捏緊、收口，
　 包成餛飩（即為台式扁食）。
3. 清湯煮滾，碗中各放下紅蔥酥、芹菜末、醬油、胡椒粉和鹽，沖下清湯。
4. 煮滾多量的水，放下麵條煮熟，挑適量麵條放在清湯中，再加入煮熟的扁食和少許
　 的香菜。

香辣過癮川式餛飩

紅油抄手

課前預習

重點 *1* 紅油、甜醬油事先做好

平時有空時，就可以先把甜醬油和紅油做好，用玻璃的罐子裝好密封，放在冰箱裡，隨時可以取用，非常方便。

重點 *2* 抄手的名稱由來

抄手這個稱呼的由來，是因為形狀像是人因為天氣冷把兩隻手各穿進另一隻棉袍袖子裡的樣子。包的方法也比較簡單，包抄手的餛飩皮，買小的薄的即可，也就是台式餛飩，扁食的皮。

重點 *3* 抄手與扁食

這都是餛飩在不同的飲食文化裡的稱呼，不過，兩者包法不太相同。抄手的包法簡單，將肉餡平舖在餛飩皮上後，將餛飩皮兩邊各往中心折成長條狀，封口向內，再將兩端捲起黏合就可以。台式的扁食更簡單，平舖好餡料後，用筷子頂住中心，將餛飩皮輕輕抓合即可。

認識食材

1 小裡脊絞肉：

請肉販幫忙絞兩次，就可以不必再剁了。也由於小裡脊肉沒有脂肪，加一顆蛋白一起攪拌，可以增加肉的滑嫩度。

學習重點

1 紅油香辣的秘訣

想做出四川館子裡，不死辣又充滿香氣的紅油，其實不難。紅油的香氣來自於加了香料後再加熱的油，而辣味來自於辣椒粉，可以依照個人喜愛的辣度添加，而紅艷的顏色來自於可在中藥行買到的紫草或是現在市售的韓國辣椒粉。

2 甜醬油製作

川菜中另一個重要的調味料，就是甜醬油，得自己熬製，市面上買不到。由於主要原料是醬油，因此要注意的是，每一種牌子的醬油鹹度都不同，冰糖的量要酌量增減。將所有甜醬油料熬煮之後，待涼過濾時，不要等到全涼了才過濾，否則濃稠的醬汁反而不好過濾。

老師的話

抄手的醬，拿來拌麵或是搭配蒜泥白肉，也非常好吃喔！

開始料理

紅油調味料：

油 2 杯、蔥 1 支、薑 2 片、八角 1 顆、花椒粒 1 大匙、陳皮 1 片、辣椒粉 1/2 杯。

做法：

鍋中將油和蔥段、薑片、八角、花椒粒、陳皮一起加熱，再沖到碗中的辣椒粉中，帶沉澱後將辣油瀝出即可。

甜醬油調味料：

醬油 2 杯、糖 11/4 杯、酒 1/2 杯、蔥 2 支、薑 2 片、八角 1 顆、陳皮 1 小塊、花椒粒 1/2 大匙。

做法：

把甜醬油料全部放在小鍋中以小火熬煮 15 分鐘左右，至醬油略濃稠時關火，放涼後過濾，裝在瓶中隨時取用。

抄手材料：

小裡脊肉 250 公克、蛋白 1 個、餛飩皮 300 公克。

抄手調味料（1 碗份）：

紅油 1 茶匙、甜醬油 1/2 大匙、醋 1 茶匙、蒜泥水 1 茶匙、細蔥花 1/2 大匙、麻油 1/4 茶匙。

肉餡調味料：

鹽 1/3 茶匙、胡椒粉少許、麻油少許。

做法：

1. 小裡脊肉要絞兩次，絞成非常細的茸狀。
2. 絞肉中加蛋白和肉餡調味料，仔細朝同一方向攪拌，調成很有黏性的肉餡。
3. 用餛飩皮包入肉料，包成一個筒狀餛飩，即為抄手。
4. 碗中調好紅油醬汁，蒜泥水是用 1 茶匙蒜泥和 1 大匙水調勻來用。
5. 鍋中水煮滾，放入抄手，以中小火煮至浮起。將煮熟的餛飩加入紅油碗中，拌勻即可。

料理課外活動

○紅油涼麵線

材料：
細麵線 200 公克、生菜葉 2 片、榨菜 1 小塊、辣椒粉少許。

調味料：
紅油 1/2 大匙、甜醬油 1 大匙、醋 1/2 大匙、鹽 1/4 茶匙、蒜泥水 1/3 茶匙、麻油 1/4 茶匙、細蔥花 1/2 大匙、花椒粉少許、水 1/3 杯。

做法：
1. 調味料調好，分盛兩個碗中。
2. 生菜切絲；榨菜切細條。
3. 將麵線煮熟，用冷水沖涼，瀝乾水分。
4. 將冷卻的麵線和生菜盛入調勻的調味料碗中，撒下榨菜絲和辣椒粉即可。

🥣紅油燃麵

材料：
細麵 200 公克。

甜醬油料：
醬油 2 杯、糖 1 又 1/4 杯、酒 1/2 杯、蔥 2 支、薑 2 片、八角 2 顆、陳皮 1 小塊、花椒粒 1/2 大匙、桂皮 1 片。

紅油料：
花椒粒 1/2 大匙、蔥 1 支、薑 2 片、陳皮 1 片、麻油 2 大匙、辣椒粉 2 大匙、白芝麻 1 大匙。

拌麵料：
紅油 1/2 大匙、甜醬油 1/2 大匙、醋 1/2 大匙、鹽 1/4 茶匙、蒜泥水 1 茶匙、蔥花 1 大匙。花椒粒 1/2 大匙、桂皮 1 片。

做法：
1. 甜醬油及紅油的做法參照前面第 79 頁做好。
2. 碗中調好拌麵料，麵條煮熟，挑適量麵條放碗中，拌勻即可。

第十六堂課

匈牙利紅燴牛肉

屑子蹄筋

鴻喜腐乳雞

紅燒魚

懷念的西式美味

匈牙利紅燴牛肉

課前預習

重點 *1*　牛肉不要切太小塊

烹煮過的牛肋條會稍微縮小一點，因此在分切牛肉的時候，記得不要切太小塊。

重點 *2*　一次燒多一點，醬汁也很有用途

由於進口的牛肋條多是真空包裝，加上這是道很費火侯的菜色，建議一次做多一點，不只可以分成好幾餐吃，紅燴醬汁不論拌麵或拌飯，或和其他菜餚搭配，也很好吃。

重點 *3*　準備一只燉鍋或砂鍋

燉鍋可以讓需要長時間烹煮的菜餚，水分較不會流失，可以保留住原汁原味，也是家裡的必備鍋具。烹煮過程中，記得每半個小時都來攪動一下，免得煮的過程中麵粉會黏底。

認識食材

1 牛肋條：

牛肋條，有筋有油花，非常好吃。而這道菜使用的牛肋條，直接買進口的牛肉即可。一方面是西餐，肉的風味能與香料搭配，再者，台灣的牛肉香氣十足，不宜用太重味道的醬汁來搭配，反而失去原味。況且用進口的牛肋條，還可以縮短燴煮的時間呢。

2 紅酒

做菜用的紅酒，不必用到太好的，大約 1 瓶 200 ～ 300 元左右的就可以。但是，如果酒開了喝不完，覺得可惜，拿來做菜也不錯。

學習重點

1 沾上粉再煎，更香

在西餐中，將肉沾點麵粉再去煎，可以增加香氣，類似於做中菜時，沾地瓜粉的道理。粉料可以保護肉質，封住肉汁，煮好後也會有比較好的口感。

2 注意水量與火侯

因為加了番茄糊，煮得過程中，湯汁容易變得濃稠，加上肉有裹過一層麵粉，湯汁會容易糊化，因此水可以加多一點，煮滾之後，要用最小的火慢慢燒。

開始料理

材料：

牛肋條 1 公斤、洋蔥 1 個（切小塊）、大蒜 3 粒（切碎）、月桂葉 2 片、青豆 2 大匙。

調味料：

（1）鹽 1 茶匙、胡椒粉 1/2 茶匙、匈牙利紅椒粉 1/2 大匙、麵粉 1/2 杯。
（2）番茄膏 1 大匙、匈牙利紅椒粉 1/2 大匙、紅酒 3 大匙、清湯 1 杯、梅林辣醬油 2 茶匙、鹽和胡椒調味。

做法：

1. 牛肉切大塊；在一個盆中先把調味料（1）混合好，放下牛肉再拌勻，抖掉多餘的粉料。
2. 鍋中加熱 4 大匙的油，把牛肉煎至金黃色、盛出。
3. 放下洋蔥炒香，再放入大蒜末炒一下，加入月桂葉、番茄膏和紅椒粉再炒一下。
4. 加入紅酒、清湯、牛肉、辣醬油及鹽和胡椒粉，煮滾後改小火燉約 1 個小時。
5. 再以鹽和胡椒再調整一下味道，放下青豆，一滾即可關火。

老師的話

不同產區的牛肉，所需要烹煮的時間也不太相同，還是要多測試一下，抓住最恰當的烹煮的時間喔！

料理課外活動

☁紅酒燉牛肉

材料：
牛肋條肉或螺絲肉或牛腱 900 公克、牛
大骨 3 ～ 4 塊、番茄 3 個、洋蔥 2 個、
大蒜 2 粒、月桂葉 2 片、八角 1 顆。

調味料：
紅酒 1 杯、淺色醬油 4 大匙、鹽 2/3 茶
匙、糖 1/2 茶匙。

做法：

1. 牛肉切成約 4 公分塊狀，和牛大骨一起用滾水燙煮至牛肉變色，撈出，用水洗淨。
2. 番茄劃刀口，放入滾水中燙至外皮翹起，取出泡冷水，剝去外皮，切成 4 或 6 小塊；
   洋蔥切塊；大蒜略拍一下。
3. 鍋中燒熱 2 大匙油，炒香洋蔥和大蒜，加入番茄再炒。炒到番茄出水變軟，盛出一
   半量（盡量不要有大蒜）。
4. 將牛肉倒入鍋中，再略加翻炒，淋下紅酒，大火煮一下。加入月桂葉、八角、醬油
   和水 2 杯。換入燉鍋中，先煮至滾，再改小火燉煮約 1 個半小時。
5. 加入預先盛出的洋蔥和番茄，再煮 10 分鐘，至喜愛的軟爛度時，加鹽和糖調妥味道。

洋燒牛腱

材料：
牛腱 2 個、洋蔥 1 個、西芹 3 支、馬鈴薯 2 個、胡蘿蔔 1 支、月桂葉 2 片、麵粉 2 大匙、奶油 1 大匙、油 2 大匙。

調味料：
酒 2 大匙、黃砂糖 1 大匙、醬油 1 大匙、鹽 1 茶匙、胡椒粉少許。

做法：
1. 先在牛腱上劃上數條直刀痕，再切成厚片，撒上少許鹽、胡椒粉和約 1 大匙麵粉；洋蔥切大塊；番茄、馬鈴薯和胡蘿蔔切滾刀塊；西芹 2 支切長段，另一支切條。
2. 鍋中放奶油和油，煎黃牛腱後盛出。放入洋蔥用油炒軟，加另 1 大匙麵粉炒黃，淋下 5 杯水，再加入調味料，接著放入牛腱、西芹段、番茄和月桂葉，煮滾後改小火燉煮約 50 ～ 60 分鐘。
3. 加入西芹條、馬鈴薯和胡蘿蔔煮軟，最後可再加鹽和胡椒粉調整味道。

營養又有趣的烹調體驗

屑子蹄筋

課前預習

重點 *1* 發蹄筋時注意安全

油炸蹄筋時，會利用水產生的油爆來發蹄筋，除了注意自身的安全之外，也切記不要開抽油煙機，以免萬一有火花，被抽進抽油煙機內，造成危險。

重點 *2* 富含膠質的蹄筋

蹄筋因為與「精力」有諧音之趣，因此不少家庭過年時的年菜少不了這項食材。而事實上，蹄筋也是非常營養的食材，富含膠質，又沒有油脂，很適合全家大小。

重點 *3* 適合勾芡的食材

當使用到蹄筋、竹笙、凍豆腐這類有孔洞的食材，起鍋前都可以勾點薄芡，可以讓食材本身的孔洞裡都吸滿湯汁，吃起來更美味。

認識食材

1 蹄筋：

蹄筋就是豬的腳筋，乾蹄筋得到大一點的南北貨店才買得到。如果你不想買乾的蹄筋回家自己發，要買已經發好的蹄筋，得到賣魚的攤子上才買得到。另外，蹄筋發好之後，要把上面黃黃的部分摳掉或修剪掉，否則會有腥臭味。

學習重點

1 發蹄筋的方法

自己發的蹄筋比較好吃，很建議大家自己試試看。另一個好處是，自己發的蹄筋有香氣，而且比起買來發好的，比較不容易煮化掉。

發蹄筋要先經過油炸，而且要用冷油炸，甚至是剛下鍋的冷油都可以。蹄筋隨著油溫越來越熱，就會開始捲曲，最後彎成小小、短短的一小截。接下來，要朝油鍋灑水，藉著油爆來讓蹄筋發起來。灑水時，同時準備好鍋蓋，灑水後的瞬間立刻蓋上，等油爆聲少了，再灑水，重複進行五～六次。

炸好之後，將這些蹄筋泡在水裡三天，每天更換乾淨的水，三天後，就可以使用，或分裝冷凍保存。

開始料理

材料：

蹄筋 450 公克、絞肉 2 大匙、香菇 2 朵、芹菜屑 2 大匙、蔥屑 1 大匙、蔥 1 支、薑 2 片。

調味料：

酒 1 大匙、醬油 2 大匙、鹽、太白粉水、麻油 1/2 大匙。

做法：

1. 蹄筋放冷水鍋中，加蔥、薑和酒煮 10 分鐘，撈出沖涼，切成適當的大小。
2. 香菇以冷水泡軟，切碎。
3. 起油鍋炒香絞肉，再加入蔥屑和香菇同炒，有香氣後，放入蹄筋拌炒一下，淋下醬油和清湯約 1 杯，煮滾後改小火燒 3～4 分鐘。
4. 加鹽調味，以太白粉水勾芡成稀滷，滴下麻油，撒下芹菜屑即可裝盤。

老師的話

發好的蹄筋，冷凍保存的話，時間可長達一、兩年，所以，不妨在家裡試試看吧！

料理課外活動

⬭蹄筋雙鮮

材料：
水發蹄筋 300 公克、蝦仁 12 隻、蟹腿肉 80 公克、筍子 1/2 支、乾木耳 1 大匙、甜豆片 8 片、薑 4～5 片、清湯 2/3 杯。

調味料：
（1）蔥 1 支、薑 2 片、酒 1 大匙、水 4杯。
（2）淡色醬油（生抽）2 茶匙、鹽 1/3茶匙、太白粉水適量。

做法：
1. 蹄筋放鍋中，放調味料（1），煮滾後撈出沖涼，切成適當的大小。
2. 蟹腿肉和蝦仁一起拌上一點鹽和太白粉，約 10 分鐘後，用滾水汆燙一下。
3. 筍子切片；木耳泡軟、摘洗乾淨；甜豆片摘好、切成兩半。
4. 起油鍋用 2 大匙油炒香薑片和筍片，有香氣後，放入蹄筋、木耳、清湯、醬油和鹽，煮滾後改小火，再燒 5 分鐘。
5. 調整味道，以太白粉水勾薄芡，放入蝦仁和蟹腿肉，拌合、煮滾即可裝盤。

家常蹄筋

材料：
蹄筋 450 公克、絞肉 1200 公克、香菇 2 朵、芹菜 2 支、蔥花 2 大匙、大蒜末 1 大匙、蔥 1 支、薑 2 片

煮蹄筋料：
蔥 1 支、薑 2 片、酒 1 大匙、水 4 杯

調味料：
辣豆瓣醬 1 大匙、酒 1 大匙、醬油 2 大匙、糖 1/4 茶匙、水 1 杯、醋 1 茶匙、太白粉水適量、麻油少許

做法：

1. 蹄筋用煮蹄筋料煮 10 分鐘，撈出沖涼，切成適當的大小。
2. 香菇以冷水泡軟，切碎；芹菜切段。
3. 起油鍋炒香絞肉和蒜末，再加入蔥屑和香菇同炒，有香氣後，加入辣豆瓣醬炒過，淋下酒、醬油和糖，同時放回蹄筋，炒均勻。
4. 拌炒一下後淋下水（約 1 杯），煮滾後改小火燒 3 ～ 4 分鐘。
5. 加入芹菜段，並以鹽調好味道，用太白粉水勾芡，滴下麻油即可裝盤。

腐乳美味正流行

鴻喜腐乳雞

課前預習

重點 *1* 風味取決於豆腐乳

　　這道菜的風味，取決於使用的豆腐乳。建議買原味的豆腐乳，口味比較能被大家接受，也可以加點麻辣口味的腐乳一起調味。另外，豆腐乳罐子裡的油，具有保護作用，不要全部用掉。要注意的是，每個品牌的豆腐乳鹹度不同，記得先嚐嚐再調整鹹味。

重點 *2* 炒菇類時，不要放太多油

　　由於菇類是海綿體，很會吸油，因此油量不要太多，否則全都都會被菇類吸收，吃起來含油量太多，影響口感。在這道菜中，需要把鴻喜菇的香氣逼出來，因此在炒鍋裡不必一直翻動，貼著鍋底煎一煎，聞到香氣再翻面就可以了。

認識食材

1 鴻喜菇：

「好菇道」這個品牌的鴻喜菇，強調在生長過程中都沒有接觸人手，因此不必清洗，切除根部就可以直接使用了。除了鴻喜菇，任何你喜愛的菇類都可以替換。

2 雞胸肉

雞胸肉是白肉中最健康的一部份，很適合現在講究健康的現代人。如果是到傳統市場採買，雞胸肉買回來後，先檢查一下，把軟骨和肥油都去除掉，也順著白筋把口感比較差的雞柳條肉撕下，改作成雞茸類料理，可參考第三堂課的「雞茸豌豆米」（第一集 p.64）。

學習重點

1 雞胸肉輕鬆切條的方法

要將雞胸肉切成條狀，其實不難。先把刀子稍微放平，斜斜地把雞胸肉先切成片狀，再來切成條狀，就很容易了。

2 炒雞柳的技巧

要將雞柳炒得漂亮，首先油溫不要太高，高油溫會讓雞柳條黏在一起。不放心的話，也可以在下鍋前，倒些冷油和雞肉一起攪拌一下。在下鍋時，就用筷子快速拌開。

開始料理

材料：

雞胸肉 200 公克、鴻喜菇 2 包、蔥 1 支、薑 6～7 小片、蒜 5～6 片。

調味料：

（1）鹽 1/4 茶匙、水 1 大匙、太白粉 1/2 茶匙。
（2）豆腐乳 1 大匙、腐乳汁 1 大匙、糖 1 茶匙、麻油 1/3 茶匙。

做法：

1. 雞胸肉切成較粗的絲條，用調味料（1）拌勻，醃 20 分鐘。
2. 豆腐乳壓碎，加入腐乳汁和糖調勻。
3. 鴻喜菇切去根部，大略的分散開一些，鍋燒熱，放下 1 大匙的油，先把鴻喜菇以中火加以煸炒至有焦痕，盛出。
4. 再加入 2 大匙油把雞絲炒熟，盛出。放下薑和蒜片炒香，再加入腐乳汁，倒回雞絲、鴻喜菇和蔥段。以中大火炒勻，滴下麻油便可起鍋。

老師的話

想要顏色豐富一點，可以加點紅甜椒增色，當然，也可以試著搭配其他蔬菜替換看看，例如：黃瓜腐乳雞絲。

料理課外活動

⌂味噌醬拌雞柳

材料：

雞胸肉 200 公克、金針菇 1 包（約 120 公克）、洋蔥 1/2 個、紅辣椒 1 支、炒過白芝麻 1 大匙。

調味料：

（1）鹽 1/3 茶匙、水 2 大匙、太白粉 1/2 大匙。
（2）味噌醬 1 又 1/2 大匙、味霖 1 大匙、糖 1/4 茶匙、麻油 1 茶匙、橄欖油 1/2 大匙、水 3 大匙。

做法：

1. 雞胸肉修整好後切成粗條，用調味料（1）拌勻，醃 20 ～ 30 分鐘以上。
2. 洋蔥切絲後泡入冰水中，約 10 分鐘後瀝乾水分，放入盤中。
3. 金針菇切除根部、沖洗一下；紅辣椒去籽、切絲。
4. 調味料（2）先調好，在小鍋中煮滾後立刻關火。
5. 燒開 4 杯水，放下金針菇燙煮一滾，撈出，瀝乾水分，放在碗中。
6. 水再燒開，放入雞絲，用筷子攪散雞肉，待雞肉煮熟後撈出，也放入碗中，加上紅辣椒絲和味噌醬拌勻，盛放在洋蔥絲上，撒上芝麻。

※ 不同品牌的味噌的鹹度會不相同，炒好後要先試一下味道，調整鹹度。

○川香雞片

材料：

雞胸肉 300 公克、高麗菜 300 公克、豆腐乾 5 片、紅辣椒 2 支、青蒜 1/2 支。

調味料：

（1）醬油 1 大匙、太白粉 1/2 大匙、水 1 大匙、蛋白 1 大匙。

（2）甜麵醬 1 又 1/2 大匙、辣豆瓣醬 1 大匙、醬油 1/2 大匙、水 1 大匙、糖 2 茶匙。

做法：

1. 雞肉打斜切片，用調味料（1）拌勻，最好醃 1 小時以上。

2. 高麗菜切成大片；豆腐乾斜刀片成薄片；紅辣椒去籽、切片；青蒜切絲備用。

3. 甜麵醬等調味料（2）在小碗內先調勻備用。

4. 鍋內燒熱 1 杯油，將雞肉放入快炒，約 8 分熟時盛出。

5. 用 1 大匙油來炒高麗菜及豆腐乾，加少許清水將高麗菜炒軟，盛出。

6. 另用 2 大匙油炒香甜麵醬料，約 10 ～ 15 秒鐘至有香氣透出。

7. 再將雞肉、紅辣椒和高麗菜等倒回鍋內，以大火拌炒均勻，放下青蒜再炒一下即可。

※ 炒甜麵醬時要用小火來炒，才會產生香氣，而且避免有焦苦味。

愛吃魚者必學料裡

紅燒魚

課前預習

重點 *1* 動動鍋子,讓魚煎得更完整

煎魚時,因為魚是長形的,可以傾斜鍋子,讓油隨著鍋子的角度移動,把整條魚都均勻地煎到。

重點 *2* 可在過程中再補油

雖然是煎類的菜餚,但是一開始不必加太多的油,如果煎了魚後,開始爆香時,發現油不太夠,也沒關係,就再補點油就可以了。

認識食材

1 鮮魚：

　　判斷魚的新鮮程度，除了看鰓之外，更準確的就是看魚的眼睛，是不是黑亮，也可以用手摸摸看魚肉有沒有彈性，都是判斷的好方法。另外，從菜市場買回來的鮮魚，先檢查一下尾鰭和魚頭附近的魚鱗，有沒有刮除乾淨。

學習重點

1 如何煎出漂亮的魚

　　下鍋前，在魚的表面拍點麵粉，可以讓魚皮不會在煎的過程中剝落，也可以保住魚的鮮味。

　　此外，煎魚時千萬不能心急，尤其當下鍋不久，魚皮剛煎好的時候，是非常嫩的，如果在這時候翻動，就會皮肉分離了。建議當魚下鍋煎了 2～3 分鐘左右，晃動一下鍋子，如果魚可以輕易地晃動，就可以翻面了。

開始料理

材料：

新鮮魚 1 條、蔥 3 支、薑絲 2 大匙、大蒜 3 粒、豆腐 1 塊、麵粉 2 大匙。

調味料：

酒 2 大匙、醬油 2 大匙、糖 2 茶匙、醋 1/2 大匙、水 1 杯。

做法：

1. 魚身兩面切 2～3 條刀口，如選用比較扁平、肉薄的魚，就不用切刀口。
2. 鍋中燒熱油 3 大匙，先把魚擦乾，拍點麵粉，再放入鍋中，以中火煎黃表面，翻面再煎時，加入蔥段、薑絲和蒜片一起煎香。
3. 蔥段夠焦黃時，淋下調味料和豆腐，煮滾後改中火煮約 10～15 分鐘（中途翻面一次），至湯汁約剩 1/3 杯時即可關火。

老師的話

示範使用的馬頭魚，煮太久的話肉會老掉，這時候可以利用勾芡，來縮短烹煮的時間。

料理課外活動

⬯五柳枝

材料：
午仔魚 1 條、肉絲酌量、白菜絲酌量、香菇絲酌量、胡蘿蔔絲酌量、筍絲酌量、蔥 1 支、薑絲 1 大匙。

調味料：
（1）鹽 1/4 茶匙、淡色醬油 1 大匙、糖 2 大匙、烏醋 3 大匙、水 1 杯。
（2）麻油 1/2 茶匙、胡椒粉 1/6 茶匙、太白粉水酌量。

做法：

1. 午仔魚清理乾淨，在魚身上劃切刀痕，撒下少許鹽醃約 5 分鐘。用約 3 大匙油煎黃魚的兩面，盛出。

2. 肉絲用少許醬油、水和太白粉抓拌醃一下。蔥切絲。

3. 另用 2 大匙油炒肉絲和香菇絲，再放入白菜絲同炒，待白菜微軟，加入魚、胡蘿蔔絲、筍絲和調味料，煮滾後，改小火燒 7 ～ 8 分鐘，先盛出魚，菜料中放蔥薑絲後用少許太白粉水勾芡，淋下麻油及胡椒粉，全部淋到魚上即可。

雪菜燒帶魚

材料：
帶魚 1 條（約 450 公克）、雪裡蕻 150 公克、蔥 2 支、薑 2 片、紅椒 1 支。

調味料：
酒 1 大匙、醬油 2 大匙、糖 1 大匙、水 1 又 1/2 杯。

做法：
1. 帶魚切成約 5 公分的塊，每塊上切數條刀口。
2. 雪裡蕻沖洗乾淨，以免有沙，切碎後擠乾水分。
3. 用 2 大匙油煎黃帶魚的兩面，魚盛出。另外加 1 大匙油爆香蔥段和薑片，放入雪裡蕻和調味料，煮滾後放入帶魚，改小火燒約 15 ～ 20 分鐘。若湯汁仍多，以大火收乾一些即可。

第十七堂課

雞排扣飯

泰式涼拌粉絲

雙味魚捲

西湖牛肉羹

油飯料理基本款

雞排扣飯

課前預習

重點 *1* 醃肉使雞皮上色

醃雞腿肉的主要目的之一,是希望透過醬油,幫雞皮上色,好讓雞皮可以在煎過之後,呈現漂亮的顏色。所以肉稍微醃過一下後,就將雞皮面朝下,浸泡在醬汁裡。

重點 *2* 糯米飯趁熱挑鬆

糯米飯煮好後,記得趁熱用筷子挑鬆一點,好方便接下來的操作。要是放得太涼了,糯米的黏性就出來了,就比較難鬆動了。

重點 *3* 油飯的配料可自己搭配

想加點自己喜歡吃的配料也沒問題,諸如,魷魚、青豆、胡蘿蔔等等,都可以自己搭配,最主要是紅蔥酥的味道,做出來才像道地的油飯。

認識食材

1 雞腿：

在之前的幾堂課中，有不少使用到雞腿的菜餚，都根據菜餚的特性，建議選擇仿土雞或是肉雞，不過，今天這道雞排扣飯，兩種雞肉的肉質，做起來都很好吃，你可以選擇喜愛的口感。關於肉的處理，除了在第五堂課，宮保雞丁（第一集 p.128）中教過，要先斷筋之外，也一起把肉比較厚的部分片開。

2 糯米：

糯米有長糯米、圓糯米兩種。在中菜裡，製作鹹點時，多使用長糯米，雖然黏性比起圓糯米低一點，但吃起來比較 Q。將糯米煮成飯時，糯米因為吸水性比較差，因此 1 杯糯米，只需要 2/3 杯的水即可。

3 蓮子

配料之一的蓮子，建議買新鮮的蓮子，味道比較清香，也很快就能煮爛，缺點是生味較重，不過，先在水裡煮滾一回就可以脫生了。如果買不到新鮮的蓮子，要使用乾蓮子的話，前一天晚上就要先洗淨、泡水到隔天。

學習重點

1 自己炒紅蔥酥

炒紅蔥酥時，要用小火冷油慢慢炒，用熱油炒的話，紅蔥頭一下就會焦掉。過程中，要不斷的攪動，慢慢飄散出焦香味的同時，要看看紅蔥頭的顏色變化，等到出現焦黃的金黃色後，就完成了。

開始料理

材料：

雞腿 2 支、蝦米 2 大匙、香菇 3 朵、筍丁 2 大匙、新鮮蓮子 1/2 杯、
紅蔥頭 4～5 粒、長糯米 2 杯。

醃雞料：

醬油 3 大匙、酒 1 大匙、糖 1 茶匙、胡椒粉少許。

做法：

1. 雞腿剔除大骨，用刀跟在白筋上剁一些刀口，用醃雞料拌醃 15～30 分鐘。
2. 燒熱 4 大匙油，雞腿皮面朝下放入鍋中，煎黃雞皮。取出切成寬條，排在扣碗底部。
3. 長糯米洗淨加水 1 又 1/3 杯，煮成糯米飯。
4. 蝦米泡軟，摘好略切一下；香菇泡軟，切成小丁；新鮮蓮子燙一下；紅蔥頭切片。
5. 起油鍋，用 2 大匙油炒香紅蔥片，盛出，放入香菇和蝦米爆香，加入蓮子和筍丁，淋下剩餘的醃雞料和水 3 大匙，煮滾關火，放入糯米飯和紅蔥酥拌勻。填塞在碗內，蓋上盤子。
6. 上蒸鍋蒸 50～60 分鐘，取出倒扣在大盤子上。

老師的話

基本的油飯方法學會了，就能夠做很多變化，不論是鮮魷釀飯或是紅蟳米糕，都不是難事了。

料理課外活動

○炸雞腿菜飯

材料：
雞腿2支、蔥1支、大蒜2粒、薑2片、
八角1/2顆、青江菜200公克、米2杯。

調味料：
（1）醬油3大匙、糖1茶匙、酒1大匙、
　　　水3大匙。
（2）鹽1/4茶匙、胡椒粉適量。

做法：
1. 在雞腿內側順著大骨，用刀子切割一道刀口，並用叉子叉些洞孔。
2. 將調味料（1）調勻，放入雞腿和拍碎之蔥段、薑片、大蒜和八角，一起醃1小時以上。
3. 把4杯油燒至7分熱，放入雞腿，以中小火炸熟（約6～7分鐘），取出。
4. 油再燒熱，放下雞腿，大火再炸30秒鐘，至外皮酥脆，撈出，盛放在菜飯，撒上胡椒粉即可。
5. 青江菜洗淨，切成3公分長之段、鍋中燒熱2大匙油來炒青江菜，炒至微軟後加少許鹽調味。放入洗好的米中，略拌均勻後加入1又1/2杯水，放入電鍋中煮成飯，便是菜飯。

○八寶飯

材料：
圓糯米 1 又 1/2 杯、豆沙 1/2 杯、紅棗 4 粒、
桔餅 1 個、青紅絲、桂圓肉或其他喜愛的
蜜漬水果隨意、豬油（或白油）2 大匙。

調味料：
白糖 3 大匙、太白粉水 1 大匙、桂
花醬 1/2 茶匙

做法：

1. 糯米洗淨、放入內鍋中，加清水 1 杯，放入電鍋中煮成飯，趁熱拌入 1 大匙豬油和
   2 大匙白糖備用。

2. 紅棗先泡軟，切下棗肉；桔餅切片；其他大型的蜜水果需先切成小塊。

3. 在一個碗內，塗抹 1 大匙豬油，再將上列各種乾果材料整齊排列在碗底。

4. 鋪上 2/3 量的糯米飯在碗內，放入豆沙，再將餘下之糯米飯蓋在豆沙上，壓平表面。

5. 八寶飯放入蒸鍋內，隔水蒸約 2 小時，取出後反扣在大圓盤中。

6. 鍋中煮滾 1/2 杯水和 1 大匙糖，勾芡後淋在八寶飯上。

喜歡吃就自己做

泰式涼拌粉絲

課前預習

重點 1　愛吃的材料，多一點沒關係

像我一樣喜歡吃粉絲的人，就多放一把吧！一開始練習，想完全按照食譜比例試做一次也很好。除了粉絲，一起搭配的小番茄，數量的多寡也沒有硬性規定，喜歡吃就多放一點。

重點 2　加點魷魚豐富這道菜

加入新鮮魷魚，可以讓這道菜更豐富。可以將魷魚切花刀，也可以切成圓圈狀，就看個人喜愛。要切花刀的話，先劃出交叉的線條，切的深度大約是魷魚的 2/3 深，再切成小片，煮好後就會有漂亮的形狀了。

重點 3　調味料使用味露（泰式魚露）與泰式紅辣椒醬

泰式魚露是這道菜鹹味的主要來源，可以視粉絲的用量多寡來微調。另外，泰式紅辣椒醬，從泰文發音直接音譯又叫「是拉叉醬」，算是泰國的辣椒醬。有了這兩種調味料，泰式風味就能出呈現。

認識食材

1 醃大蒜：

　　這種玻璃瓶裝的醃大蒜要到泰國食材專賣店，或東南亞食材專賣店買，味道鹹鹹的，是許多泰國菜會添加的配料之一。但是在台灣，可能是因為越來越不好買，許多人也都不加了。如果真的買不到，也沒關係，不會有太多的影響。

學習重點

1 食材燙過之後冰鎮

　　魷魚、鴻喜菇以及粉絲，用熱水燙過撈起之後，就放到冰水裡冰鎮，除了保持食材的 Q 度，也因為這是道涼拌菜，泡著冰水，有助於快速降溫。

2 用手抓拌調味料

　　要將所有調味料抓拌一下時，記得戴上手套，除了衛生也可以讓手不受辣氣影響。抓拌時，記得將小番茄稍微擠壓一下，讓小番茄的汁流出來，同時加點檸檬汁與白糖，抓拌均勻就可以了。

開始料理

材料：

冬粉 1 把、小番茄 3～4 顆、蝦米 1 大匙、鴻喜菇 1/2 包、鮮魷 4～5 片、
紅蔥頭 3～4 顆、醃蒜頭 3～4 粒、蔥花少許、小辣椒適量（切末）。

調味料：

白糖 1/2 茶匙、檸檬汁 1 大匙、味露（魚露）1 大匙、是拉叉醬 1 大匙（又名紅辣醬）。

做法：

1. 冬粉 1 把用水泡軟，剪成 3 段。水滾後放入冬粉，約煮 1 分鐘，撈起，用冷水沖涼，
   瀝乾。
2. 鮮魷切上花紋再切塊，放入滾水中燙熟，撈出沖涼，再切小塊一點。
3. 蝦米泡軟，摘好；鴻喜菇去根蒂，分成小束，燙熟，沖涼；小番茄切成兩半，大一
   點的可一切為四；紅蔥頭和醃蒜頭分別切片；小辣椒切末。
4. 小番茄、紅蔥頭、蔥花、醃大蒜、小辣椒末連同調味料攪拌均勻，加入冬粉、鮮魷、
   蝦米和鴻喜菇再拌勻，即可裝入盤中。

老師的話

將所有材料放入醬料中抓拌的時候，如果粉絲看起來顏色不
夠紅，可以再加一點是拉叉醬。

料理課外活動

🫙泰式涼拌海鮮河粉

材料：

河粉、麵線或米線 150 公克、小番茄 4 顆、蝦米 1 大匙、
乾木耳 1 大匙、鮮魷 1/2 條、蛤蜊 10 個、蝦仁 8 隻、紅
蔥頭 3～4 顆、醃蒜頭 3～4 粒、蔥花少許、小辣椒末適量。

調味料：

白糖 1 大匙、檸檬汁 1
又 1/2 大匙、魚露 2 大
匙、是拉叉醬 2 茶匙。

做法：

1. 鮮魷切上花紋，分割成小塊；蝦仁抽除腸沙；蛤蜊放入薄鹽水中吐沙。
2. 三種海鮮料分別放入滾水中川燙至熟，撈出沖涼，切成小塊。
3. 蝦米和木耳分別泡軟，摘好，也略燙一下。
4. 乾河粉先泡水至軟，再放入滾水中燙熟撈起，用冷水沖涼，瀝乾。
5. 小番茄、紅蔥頭、蔥花、醃蒜頭粒、小辣椒末連同白糖、檸檬汁、魚露、是拉叉醬
   一起放入碗中，攪拌均勻，放置約 1～2 分鐘。
6. 加入河粉、海鮮料、蝦米和木耳，再拌勻即可裝入盤中。

◔酸辣海鮮涼麵

材料：

麵線 150 公克、鮮蝦適量、蟹腿肉適量、
新鮮魷魚適量、洋蔥絲 1/2 杯、蔥 1 支、
香菜 1 支、紅辣椒 1 支、大蒜 2～3 粒。

調味料：

（1）鹽、酒各少許。
（2）魚露 2 大匙、檸檬汁 2 大匙、糖 2
　　 茶匙、高湯或水 1/4 杯。

做法：

1. 鮮魷洗淨，剖開後在內部打斜刀切上交叉條紋，再行切片。

2. 鮮蝦剝殼、抽沙；蟹肉自然解凍、分開。

3. 三種海鮮料分別加入調味料（1）燙熟，撈出、用冷水沖涼後，瀝乾水分。

4. 蔥切成細蔥末；洋蔥切細絲；大蒜磨成泥；紅辣椒去籽、切碎；香菜略切。

5. 碗中將調味料（2）調勻，放入蔥末、洋蔥絲和紅辣椒末。

6. 鍋中煮滾 6 杯水，放下麵線燙熟，撈出、沖涼，和海鮮料一起放入調味料中拌勻，
　 裝盤。

鹹甜醬料雙重美味

雙味魚捲

課前預習

重點 *1*　雙味組合

　　所謂的雙味，就是兩種沾醬。一個是需要煮一下的糖醋醬，另一個則是簡單地將花椒粉和鹽攪拌均勻的沾醬，就讓一道菜有兩種醬料的雙重美味了。

重點 *2*　新鮮的筍或沙拉筍都好

　　和魚肉一起搭配的餡料，竹筍的部分可以選擇使用新鮮的當季竹筍，但要事先煮熟，再切絲加入餡料裡。如果沒空處理的話，也可以買超市裡的真空包裝沙拉筍。

重點 *3*　封口一定要使用麵粉糊

　　用豆腐衣包裹的魚捲，最後的封口一定是要用麵粉調水而製成的麵粉糊，才有黏性。其他的如太白粉等等，是沒辦法封口的。

認識食材

1 白色魚肉：

做這道魚捲，影片示範中是使用青衣，記得買青衣的後半段比較沒有刺的部位。如果想要用比較方便買到的鯛魚也可以，只要選擇白色魚肉的魚種，都很適合。

學習重點

1 醃魚料

醃魚的材料中，加點嫩薑汁是為了去除魚腥味，加入油，則是為讓了魚肉油潤一點，也可以比照餐廳的做法，放點絞肥肉，也有同樣的功能。

2 包捲的方法

因為豆腐衣無法在空氣中久放，因此一次取用一張。將豆腐衣裁成三～四張扇形。在扇形豆腐衣最寬的地方，擺上餡料，以包春捲的方式包捲，最後再用麵粉糊塗抹在尖端處封口，記得將魚捲封口朝下擺放著，以免散開。

開始料理

材料：

白色魚肉 300 公克、熟筍絲 1/2 杯、韭菜屑 3/4 杯、豆腐衣 4 張。

調味料：

（1）鹽 1/2 茶匙、蛋白 1 大匙、油 1 大匙、麻油 1 大匙、胡椒粉 1/6 茶匙、蔥屑
　　 1/2 大匙、薑汁 1/2 茶匙。
（2）蒜屑 1/2 大匙、蔥花 1 大匙、番茄醬 2 大匙、糖 2 大匙、醋 2 大匙、水 4 大匙、
　　 鹽 1/4 茶匙、太白粉少許、麻油少許。

做法：

1. 魚肉切成指甲大小片狀。大碗中將調味料（1）調勻，再放入魚肉拌勻，醃約 10 分
　 鐘。拌入筍絲和韭菜屑。
2. 豆腐衣每張切成 3 小張，包入適量的魚肉，包捲成小春捲狀。
3. 用 1 大匙油爆香蒜屑和蔥花，再加入其他的調味料（2）煮滾做成甜酸汁，盛裝小
　 碟中。
4. 鍋中炸油燒至 4 分熱，放入魚捲小火炸約 1 分鐘，改大火炸成金黃色，撈出，瀝乾
　 油份，裝盤。附上花椒鹽和甜酸汁上桌。

同樣的方法，可以做成蝦捲，或用蚵仔加點碎肉，做蚵仔捲，
變化非常多，就看你的創意。

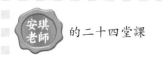

料理課外活動

⬤碧綠肉包子

材料：

絞肉 300 公克、木耳末 1/3 杯、荸薺 5 粒、蔥末 1/2 大匙、薑汁 1 茶匙、豆腐衣 3 張、豆苗 150 公克。

調味料：

（1）醬油 1/2 大匙、酒 1 茶匙、胡椒粉少許、太白粉 1 茶匙、水 2～3 匙、麻油少許

（2）醬油 1/2 大匙、糖 1 茶匙、水 2/3 杯、太白粉 1 茶匙、麻油 1/4 茶匙

做法：

1. 絞肉再剁細一點，加調味料（1）攪拌均勻且至有黏性，加入木耳末、荸薺末、蔥末、薑汁再拌勻。
2. 豆腐衣每張切成 4 小張，包入肉餡成小春捲型，上鍋以中火蒸 10 分鐘至熟。
3. 豆苗摘好，用油快速炒熟，加鹽調味後瀝出，排入盤中。
4. 蒸好的肉包子也排入盤中，調味料（2）煮滾後，淋再肉包子上即可上桌。

126

◯什錦魚羹

材料：

魚肉 200 公克、香菇 2 朵、筍 1/2 支、
四季豆 5 支（或青豆 1 大匙）、熟金華
火腿末 1 大匙、清湯 6 杯、薑汁 1 茶匙。

調味料：

（1）鹽 1/4 茶匙、太白粉 1 茶匙、蛋
　　白 1/3 大匙。
（2）鹽 1 茶匙、白胡椒粉少許、太白
　　粉水適量、醋 1/2 茶匙。

做法：

1. 魚肉切成小丁，用調味料（1）拌勻醃 30 分鐘。
2. 筍煮熟、切成指甲片；香菇泡軟、切成丁；四季豆摘好、切薄片。
3. 四季豆丁放入滾水中燙一下，撈出沖涼。再將魚肉放入汆燙一下，撈出。
4. 用 1 大匙油炒香香菇和筍片，炒一下後淋下薑水，再沖下清湯煮滾。
5. 加鹽和胡椒粉調味後放入魚肉和四季豆，煮滾後用太白粉水勾芡。
6. 關火後加入醋，裝碗後再撒下火腿末。

正統廣式羹湯

西湖牛肉羹

課前預習

重點 *1* 有趣的菜名由來

雖然菜名有西湖二字,但是跟杭州的西湖一點關係也沒有。有個有趣的說法是,喝這道湯時,因為所有的材料都是小小碎碎的,就跟著湯「稀哩呼嚕」的喝下肚,這道菜也就因為諧音,稱做西湖牛肉羹了。

重點 *2* 薄脆是什麼

廣東人做羹湯或粥,喜歡加上一點薄脆。薄脆就是炸得酥脆的餛飩皮,既有口感又增香。在這道菜中,因為只需要三張餛飩皮,如果採買不方便,用油條取代,或是乾脆不加都可以。

認識食材

1 菲力：

其實在許多餐廳裡使用的是牛絞肉，但是這樣比較沒有口感，還是建議切成指甲片大小。切法也不難，先將牛肉切成片，再切條，就可以再切成小片狀。

2 罐頭洋菇：

有新鮮的洋菇，為何還要使用罐頭洋菇？其實，新鮮洋菇，因為重量較輕，會全都浮在羹湯上，看起來不太美觀，所以選擇使用罐頭洋菇。使用前，記得多沖洗幾次，再切成小片。

學習重點

1 炸薄脆

炸餛飩皮只需要 6 分熱的油溫，太高的油溫會容易炸焦。炸的時候，要一邊觀察顏色，等炸成淺淺的金黃色後，就可以撈出來放涼。

2 加蛋白的方法

加蛋白的目的是希望讓羹湯看起來料豐富一點，同時也希望蛋白看起來細細的，所以將蛋白倒入湯中的時候，用筷子抵住容器邊緣，拿高一點邊繞圈邊淋下鍋，默數五秒後再撥動羹湯，就可以創造出漂亮的蛋白花了。

開始料理

材料：

嫩牛肉 150 公克、筍 1/2 支、罐頭洋菇 8 粒、青豆 2 大匙、蛋白 1 個、蔥 1 支、薑 1 片、香菜少許。

調味料：

（1）醬油 1/2 大匙、太白粉 1 茶匙、水 3 大匙、小蘇打 1/6 茶匙。
（2）酒 1 大匙、水或高湯 6 杯、鹽 1 茶匙、太白粉水 4 大匙、胡椒粉適量。

做法：

1. 嫩牛肉切成小薄片，用調味料（1）拌勻醃 30 分鐘。
2. 筍煮熟、切片；洋菇切片；香菜切段；蛋白打散、但不要起泡。
3. 起油鍋用 2 大匙油煎香蔥段和薑片，淋下酒和高湯，煮滾後撿掉蔥薑，放入筍片和洋菇再煮滾。
4. 加入牛肉片並調味，勾芡後淋下蛋白，再放入青豆即可關火，撒下胡椒粉，裝碗後在放上香菜，撒上薄脆。

老師的話

不吃牛肉的人，可以用蝦仁代替。用蝦仁入菜的話，建議把蝦仁拍扁，再抓點鹽和太白粉，會比切丁口感來得好。

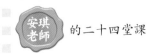

料理課外活動

◖瑤柱雞絲羹

材料：

雞胸肉 120 公克、干貝 3 粒、筍
子 1 支、蔥 1 支、薑 2 片、雞清
湯 6 杯、香菜適量。

調味料：

（1）鹽 1/3 茶匙、水 1 大匙、太白粉 1/2 大匙。
（2）酒 1 大匙、鹽 1 茶匙、太白粉水 2 大匙、
　　　白胡椒粉適量、麻油數滴。

做法：

1. 雞胸肉切成細絲，用調味料（1）拌勻，醃 30 分鐘以上。
2. 干貝加水（水量要超過干貝 1 ～ 2 公分），放入電鍋中，蒸 30 分鐘至軟，放涼後
　 撕散成細絲。
3. 筍子削好，切成絲後放入碗中，加水蓋過筍絲，也蒸 20 分鐘至熟。
4. 起油鍋用 1 大匙油爆香蔥段和薑片，待蔥薑略焦黃時，淋下酒和清湯，再放入干貝
　 （連汁）和筍絲（連汁）一起煮滾，夾除蔥薑。
5. 放下雞絲，一面放一面輕輕攪動使雞絲散開，加鹽調味，再以太白粉水勾芡。
6. 最後加入胡椒粉和麻油增香，裝碗後加入香菜段。

●米莧蝦仁豆腐羹

材料：
蝦仁 100 公克、莧菜 200 公克、營養豆腐半盒、蔥 2 支、薑 2 片

調味料：
（1）鹽 1/4 茶匙、蛋白 1/2 茶匙、太白粉 2 茶匙
（2）酒 1/2 大匙、鹽 1 茶匙、太白粉水 1 又 1/2 大匙、胡椒粉少許、麻油少許

做法：

1. 蝦仁用約 1/2 茶匙鹽抓洗一下，再用清水沖洗多次，瀝乾水分後再用紙巾吸乾水分。

2. 用刀面拍打蝦仁，把蝦仁拍扁，切成大丁，放在碗中，加入調味料（1）拌勻，放入冰箱中醃 20 分鐘以上。

3. 莧菜摘好，入滾水中燙煮 5 秒鐘即撈出，沖涼，擠乾水分再剁碎；豆腐切小片。

4. 用 2 大匙油煎香蔥段、薑片，淋下酒及水 5 杯煮滾，放下莧菜和豆腐小丁，再煮滾即放下蝦仁，攪散蝦仁並加鹽調味。

5. 再煮滾後即可勾芡，關火後撒下胡椒粉、滴少許麻油即可裝碗。

第十八堂課

腐乳肉

湘江豆腐

培根香蒜烤鱈魚

三鮮兩面黃

簡單無比的節慶大菜

腐乳肉

課前預習

重點 *1*　圍爐最佳菜色

在介紹過很多紅燒的菜色之後，來換換口味，用紅色的腐乳來燒肉。同時，這道菜也是過年期間很適合上桌的年菜。其一是腐乳的諧音和「福祿」相近，而且喜氣的紅色也非常適合年節，今年過年，不妨試試看。

重點 *2*　前往傳統市場買肉

要做腐乳肉的話，建議前往傳統市場採買肉品。因為需要有一定寬度的五花肉，多半在超市裡比較不可能提供夠寬大的肉。可以跟豬肉販老闆說需要7～8公分寬的五花肉就可以了。

重點 *3*　先煮後蒸

這道菜，看起來雖然是大菜，但是其實做法非常簡單，只是需要長時間的烹煮。再將腐乳汁、蔥、薑、八角都放入煮過1個半小時之後，再移到電鍋裡蒸，再透過鍋子收汁，就可以輕鬆上桌了。

認識食材

1 腐乳汁：

腐乳汁，在大型的市場裡，都可以買得到整罐沒有豆腐乳的紅色腐乳汁。其次，為了增加一點香氣，可以加一點南乳塊。也因為豆腐乳是煮不化的，因此記得先把豆腐乳壓碎，再一起倒入鍋中。

2 豆苗：

豆苗產季在冬天，最脆嫩好吃，在大餐廳裡，往往只取用最嫩的那一段，不過自己在家裡做，可以只將最後一節比較粗硬的地方捨棄就好，也當作多攝取一些纖維質囉！

學習重點

1 處理百頁結的方法

已經學過醃篤鮮這道菜的人，應該已經知道百頁結的處理方法。自己買百頁回來打結，泡小蘇打水，雖然多幾道手續，但也增加了不少做菜的樂趣。想複習的人，可參考第四堂課「醃篤鮮」（第一集 p.102）。

2 炒豆苗的秘訣

豆苗是非常容易熟的一種蔬菜，因此炒豆苗的時候，除了油之外，也要有點水，讓水把熱氣帶出來，讓豆苗擴大受熱的面積，就可以很快炒出翠綠的豆苗了。

3 判斷小蘇打粉是否還有功效

有時候小蘇打粉放久了，會跑氣，失去功效，就無法將百頁結泡軟。而要判斷小蘇把粉是不是仍舊有效，可以在加入水中時觀察一下，如果有產生氣泡，那表示小蘇打粉還是有效用的。

開始料理

材料：

五花肉 750 公克、紅豆腐乳 1 塊、蔥 3 支、薑 2 片、八角 1 顆、百頁 1 疊、
豆苗 200 公克、豆腐乳 1 塊。

調味料：

紅腐乳汁 1 杯半、冰糖 2 ～ 3 大匙。

做法：

1. 五花肉選購整塊約 8 公分寬，放入水中燙煮 3 ～ 5 分鐘。取出沖淨，切成兩塊，把
   肉略微修整。

2. 五花肉放鍋中，加入蔥、薑、八角、壓碎的豆腐乳和腐乳汁，再加水蓋過肉。大火
   煮滾後改小火，煮約 1.5 個小時，至湯汁剩 1/3 量。

3. 將五花肉連汁移入碗中（皮面朝下），加入冰糖，上鍋再蒸 1 小時以上，至肉十分
   軟爛。

4. 百頁一張切為兩張，每半張捲起、打結。5 杯水煮滾、關火，水中加入小蘇打粉，
   並放下百頁結，浸泡約 40 ～ 50 分鐘至百頁結變軟。撈出、多沖幾次冷水。

5. 把湯汁小心的倒入鍋中，放下百頁結，煮 5 ～ 10 分鐘，大火收汁至濃稠，約有
   2/3 杯，試一下味道，可酌加糖調整甜度。

6. 五花肉皮面朝上，扣放在餐盤上，將肉汁淋在肉上，旁邊配上炒過的豆苗和百頁結。

將腐乳肉移到電鍋中蒸的時候，記得將肉的皮面向下，蒸過
之後，皮就會有晶亮的紅色了。

料理課外活動

●焢肉

材料：
五花肉 1 塊（約 700 ～ 800 公克）

調味料：
（1）蔥 2 支、薑 2 片、八角 1 顆、酒 2 大匙
（2）大蒜 2 粒、酒 2 大匙、醬油 5 大匙、糖
　　　1 大匙、五香粉 1/4 茶匙

做法：

1. 五花肉要有 5 ～ 6 公分的寬度，整塊放入湯鍋中，加入滾水 4 杯和調味料（1），
　　煮約 40 分鐘至肉已達喜愛的爛度。

2. 大蒜拍一下，用 1 大匙油薑蒜爆香，淋下酒和醬油炒香，放下肉片和煮肉的湯汁，
　　小火再燉煮約 40 分鐘至肉已達喜愛的爛度。

3. 加入糖和五香粉調味，大火把湯汁稍微收濃一些即可。可以放在白飯上，淋下肉汁
　　或夾在刈包中，再加上花生粉、香菜和酸菜一起吃。

荔甫扣肉

材料：
五花肉一整塊，約 700 ～ 800 公克、大芋頭 1 個。

調味料：
醬油 5 大匙、酒 1 大匙、糖 1 大匙、五香粉 1/4 茶匙、大蒜屑 1 大匙。

做法：

1. 五花肉放入滾水中煮約 40 分鐘至完全熟透。
2. 取出肉後擦乾水分，泡入醬油中，把肉的四周都泡上色後，投入熱油中炸黃外層。撈出肉，立刻泡入冷水中。
3. 泡約 5 ～ 6 分鐘後，見外皮已起水泡，取出肉，切成大片。
4. 大芋頭削皮後切成和肉一樣大的片狀，也用醬油拌一下，炸黃備用。
5. 在大碗中把芋頭和五花肉相間隔排好，多餘的肉片和芋頭排在碗中間，淋下醬油和其他的調味料，放入蒸籠或電鍋中，蒸約 1 又 1/2 小時至肉夠軟爛，取出。
6. 將湯汁泌入鍋中煮滾，肉和芋頭倒扣在大盤中，將肉汁淋在扣肉上即可。

湖南餐廳獨家菜式

湘江豆腐

課前預習

重點 *1* 三種豆豉的選擇

市面上可以看到的豆豉有三種。一種是湖南式的豆豉，是乾的。還有已經調好味道，醬香比較濃郁的豆豉醬。再來就是台式的豆豉，又稱蔭豉仔，是濕軟的。建議選擇豆豉醬，就不必再經過一道將乾豆豉泡軟的手續。

重點 *2* 辣豆瓣醬的選擇

辣豆瓣醬有各種品牌，你可以選擇自己喜歡的。雖然也可以用辣椒醬，但是辣豆瓣醬，有一種獨特的豆的發酵香氣，比較建議使用。

重點 *3* 豆腐煎炸皆宜

在餐廳裡的做法是將豆腐切片，然後油炸。如果不想用那麼多油，也可改用煎的。這個過程主要是讓豆腐的表面焦黃，就會因此產生孔洞，好吸附湯汁的味道。

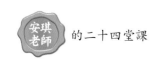

認識食材

1 板豆腐：

現在傳統市場裡有一種板豆腐，面比較光滑，孔洞比較少，和傳統的板豆腐不太一樣，是加了鹽滷製做出來的。外觀沒有田字型壓痕，只有一個方形的壓痕，比起傳統的板豆腐，吃起來是比較滑嫩些。

學習重點

1 小心保持豆腐的完整性

煎炸豆腐的時候，要一塊一塊地，從鍋邊滑進鍋內，以避免豆腐彼此沾黏。在烹調過程中，可以靠動動鍋子來讓熱油或調味均勻分布。勾茨的時候也是一樣，盡量不翻動來保持豆腐的完整。

2 勾茨的濃度低一點

這道菜不是羹湯類的菜，因此勾茨的水要稀一點，粉與水的比例以 1:2 來調，太濃的勾茨，也會讓所有食材因為濃茨而變成一團，所以這道菜的勾茨濃度，要特別留意。

3 讓菜餚好看又好吃的小方法

在這道湘江豆腐中，使用到的青蒜，可以先將蒜白的部分放入鍋中一起烹煮，讓食材的味道彼此結合。綠色的部分，就等起鍋前再放入，既可以兼顧美味和顏色。做其他菜的時候，也可以比照辦理。

開始料理

材料：

嫩豆腐 1 盒或板豆腐一塊、肉絲 100 公克、豆豉 2 大匙、薑 2 小片、青蒜 1 支、紅辣椒 1 支。

調味料：

（1）醬油 1/2 匙、太白粉 1 茶匙、水 1 大匙。

（2）辣豆瓣醬 1 大匙、酒 1 大匙、醬油 1 茶匙、水 1 杯、糖 1/3 茶匙、鹽適量、太白粉水 1/2 大匙、麻油 1/2 大匙。

做法：

1. 肉絲用調味料（1）拌勻，醃 10 分鐘以上。
2. 青蒜切斜片；紅辣椒也切斜片。
3. 每塊豆腐直切一刀後，再切成 1 公分厚的片，過油煎一下，外層焦黃後盛出。
4. 餘油中放入豆豉爆香，加入辣豆瓣醬和薑片炒幾下，淋下酒和醬油，注入水後加鹽和糖調味，放入豆腐和肉絲，小火煮約 5 分鐘。
5. 淋下適量的太白粉水勾芡，滴下麻油，撒下青蒜段拌合，一滾即可裝盤。

老師的話

湖南菜的特色就是既香且辣，使用很多的辛香料，喜歡味道強烈一點的人，可以早點將青蒜和辣椒一起下鍋煮。

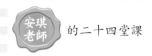

料理課外活動

○鐵板豆腐

材料：

豆腐 2 方塊、絞肉 50 公克、紅蔥頭 2 粒、香菇絲 1 大匙、蟹腿肉 8 條、洋蔥 1 個。

調味料：

醬油 1 大匙、鹽適量、高湯 1 杯、太白粉水（勾芡）1 大匙。

做法：

1. 豆腐切成厚片狀，略煎黃；紅蔥頭切成薄片；洋蔥切絲。
2. 用適量的熱油炒香紅蔥片，續放下絞肉、香菇絲、蟹腿肉炒勻，放下煎豆腐及調味料，大火煮透後，以太白粉水勾薄芡。
3. 鐵板至爐上燒得極熱後，放下洋蔥絲，再倒入做法 2 的豆腐料即可上桌。

豉椒蛋豆腐

材料：
蛋豆腐 1 盒、瘦肉 100 公克、
豆豉 2 大匙、薑 2 小片、青蒜
1 支、紅辣椒 1 支。

調味料：
（1）醬油 1/2 茶匙、太白粉 1 茶匙、水 1 大匙
（2）豆瓣醬 1 大匙、酒 1 大匙、醬油 1 茶匙、
　　鹽適量、太白粉水 1/2 大匙、麻油 1/2 大匙

做法：

1. 豬肉切絲，用調味料（1）拌勻，醃 10 分鐘以上。青蒜切斜片；紅辣椒也切斜片；
   蛋豆腐切成長方塊備用。
2. 起油鍋用 3 大匙油炒熟肉絲，盛出。餘油中放入豆豉爆香，加入辣豆瓣醬和薑片炒
   幾下，淋下酒和醬油，注入水後加鹽和糖調味，放入豆腐和肉絲，小火煮約 2 分鐘。
3. 淋下適量的太白粉水勾芡，滴下麻油，撒下青蒜片拌合，一滾即可裝盤。

又快又好吃的烤魚

培根香蒜烤鱈魚

課前預習

重點 *1* 烤箱溫度與魚肉厚度有關

烤箱的溫度要調幾度來烤魚？得衡量魚肉的厚薄而定。今天示範使用的扁鱈，魚肉比較薄，就可以使用 200 度或 220 度左右的溫度來烤，如果魚肉片稍微厚一點，那就需要低一點的溫度。

重點 *2* 鋪底的金針菇也可稍微調味

鋪在鱈魚底下的金針菇，也可以撒上一點鹽和胡椒，甚至擺上一些培根片，讓配菜和魚肉一樣好吃。

重點 *3* 加點奶油，增加香氣

鱈魚和培根都已經有油脂了，因此奶油的功能主要在增加香氣，不必加太多，如果不加，也沒有關係。

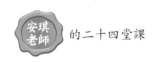

認識食材

1 培根：

培根自身擁有的煙燻香氣，和其他食材一起搭配起來，都有很好的效果。在這道烤魚中，培根的味道可以讓整道菜香氣濃郁一點，平時簡單炒個蛋或炒高麗菜時，加點培根，都可以增加風味。

2 鱈魚：

使用扁鱈或圓鱈都可以，自己喜歡就好。想變換其他魚類，例如鮭魚，也很適合。鱈魚還有一個好處是，即使烤久一點肉也不會老。

學習重點

1 搭配蔬菜的烹調時間掌握

和烤鱈魚搭配的綠色蔬菜：綠花椰菜。要事先燙熟，在最後 3 分鐘時再放入一起烤。因為如果一開始就放入烤箱一起烤熟，綠花椰菜會變得太乾，就不好吃了。

開始料理

材料：

鱈魚或白色魚肉 250 公克、金針菇 2 包、綠花椰菜 1 個、培根 4 片、大蒜屑 1 大匙、奶油 1 大匙、水 2 大匙。

調味料：

鹽、胡椒粉適量。

做法：

1. 鱈魚撒少許鹽和胡椒粉，放置 5 ～ 10 分鐘。
2. 金針菇洗淨，切除根部，散放在烤盤中（或用鋁箔紙摺成烤盤狀），撒少許鹽和水。上面放上鱈魚。
3. 培根切絲，大蒜剁碎，散放在鱈魚上，奶油分成小丁，也散放在魚上面。
4. 綠花椰菜分成小朵，用滾水燙 1 ～ 2 分鐘。
5. 烤箱預熱到220℃，放入魚排烤熟 8 分鐘後放上花椰菜，撒少許鹽再烤 3 分鐘即可。

記得在準備材料的同時，就可以讓烤箱預熱喔！

料理課外活動

●香蔥烤鮭魚

材料：

鮭魚 1 片、蔥花 1/2 杯、鋁箔紙 1 張。

調味料：

（1）鹽、胡椒粉各少許、油 1 大匙。

（2）美極鮮醬油 1/2 大匙、水 2 大匙、油 1/2 大匙。

做法：

1. 鮭魚連皮帶骨一起切成約 4 公分的塊狀，拌上調味料（1）。蔥花中也拌上調味料（2）。

2. 鋁箔紙裁成適當大小（或用烤碗，碗上蓋鋁箔紙），撒下半量的蔥花，放上鮭魚塊，再撒上蔥花，包好鋁箔紙。

3. 烤箱預熱至 250℃，放入鮭魚烤大約 18 分鐘，即可取出。

○酒烤紙包魚

材料：

鱈魚1大塊（約5～6公分寬）、
新鮮香菇4朵、西芹1支、胡
蘿蔔1小段、蔥1支、鋁箔紙
1大張。

調味料：

（1）鹽、胡椒粉各少許、白酒2茶匙。
（2）紅蔥頭屑2大匙、大蒜屑2大匙、白酒
1/2杯、高湯3/4杯、鮮奶油2大匙、鹽
1/3茶匙、白胡椒粉少許、奶油1大匙。

做法：

1. 鱈魚剔下魚皮和骨，可以取下兩片魚肉。在魚肉上撒上少許鹽和胡椒粉。
2. 各種蔬菜料洗淨切片，蔥切絲。起油鍋，用2大匙油炒蔥絲和蔬菜料，加少許鹽和胡椒粉調味。
3. 鋁箔紙上鋪上蔬菜料，放上鱈魚塊，滴上少許酒，包好紙包。
4. 烤箱預熱至250℃，放入紙包魚，烤15分鐘左右至魚已熟，取出。
5. 用油炒香紅蔥屑和大蒜屑，淋下白酒煮至酒精揮發，加入高湯煮滾，濾除碎屑，再加鮮奶油濃縮湯汁，用鹽和胡椒粉調味，最後再加奶油攪勻。
6. 打開紙包魚，將蔬菜料和魚肉移到盤中，淋上香酒醬汁即可。

點心正餐都適合

三鮮兩面黃

課前預習

重點 *1* 刀法練習，雙飛片或佛手片

配料中的魷魚，為了和香菇條以及肉片的形狀相互搭配，不切交叉的花刀，切成佛手片或雙飛片。佛手片，就是將魷魚剖開，在表面先切上直條刀紋，再切成片。如果是切成一刀不切斷，第二刀切斷的方法來切花就成為雙飛片了，很簡單的刀法，可以多練習。

重點 *2* 新鮮雞蛋麵、細拉麵都可以

兩面黃使用的麵餅，如果買不到，也可以用新鮮的雞蛋麵來代替。喜歡 Q 彈一點口感的人，用細拉麵來煎，也是可以的。

重點 *3* 省油的好方法

這道菜中有許多需要炒的食材，可以將鍋子傾斜，讓油聚集起來，就可以很有效率地將食材炒熟，又不必使用太多油。

認識食材

1 麵餅：

傳統市場中，有這種八塊麵一包的麵餅，麵條有細的和扁的兩種，可按個人喜愛選擇。這種麵餅的好處是，已經是熟的麵條，煮起來比較快。

學習重點

1 煮好麵之後

麵餅煮好之後，要再加點醬油和麻油攪拌。醬油是為了煎的時候能夠上色又有味道；麻油則可以避免麵條因為冷卻而沾黏。

2 煎麵方法

煎麵時，油可以多放一點，能夠讓麵條煎起來比較脆。而將麵倒入鍋內後，用筷子將麵條調整成一個大圓型，注意要符合裝盤的盤子大小。調整好形狀之後，就不要移動。等煎約 3 分鐘左右，可以動動鍋子，當麵可以晃動時，就可以透過甩動鍋子的方式，來將麵餅翻面繼續煎。

3 炒蝦仁的秘訣

蝦仁要炒得好吃，就需要熱油、大火，如此一來，蝦子一碰到鍋子就能立刻捲曲，肉質的口感就會非常的脆。

開始料理

材料：

蝦仁 12 隻、肉片 100 公克、鮮魷 1 條、香菇 2 朵、青江菜 5 棵、蔥 2 支、麵餅 6～8 片、清湯 2 杯。

調味料：

（1）鹽 1/6 茶匙、太白粉 1 茶匙。

（2）醬油 1 茶匙、太白粉 1/2 茶匙、水 2 茶匙。

（3）醬油 1 又 1/2 大匙、鹽、胡椒粉各少許、麻油 1 茶匙、太白粉水適量。

做法：

1. 蝦仁用調味料（1）拌勻，醃 20 分鐘。肉片用調味料（2）醃 20 分鐘。

2. 鮮魷切直條紋後，分成 4 公分寬，再斜切成佛手片。香菇泡軟，切絲。青江菜切段，蔥切段。

3. 麵餅用滾水煮散開，盛出，拌上少許醬油和麻油，用 3 大匙油煎成兩面金黃。盛出，放在盤子上。

4. 另用油將肉絲和蝦仁過油炒熟，盛出，再爆香香菇和蔥段，接著放入青江菜炒軟，加入清湯並調味，煮滾後放入鮮魷、蝦仁和肉片，勾芡後滴下麻油，關火，澆在麵上即可。

老師的話

喜歡胡椒的味道的人，也可以上桌前再灑上一點黑胡椒粉。

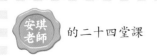

料理課外活動

⏺廣州炒麵

材料：

叉燒肉 80 公克、蝦仁 80 公克、鮮魷
1/2 條、香菇 3 朵、蔥 1 支、芥藍菜 3 支、
清湯或水 1 杯、雞蛋麵餅 4 片。

調味料：

醬油 1 大匙、鹽 1/3 茶匙、胡椒粉少許、
麻油 1/2 茶匙、太白粉水適量。

做法：

1. 叉燒肉切片；蝦仁洗淨、擦乾後，用鹽和太白粉少許拌勻，醃 30 分鐘。
2. 鮮魷魚切成 5 公分寬，在外表切橫刀紋，每 4 刀切斷；芥藍菜摘好，和鮮魷分別燙熟。
3. 麵煮熟後，撈出、瀝乾水分，用 5 大匙油煎脆表面，放在盤上。
4. 用鍋中餘油先炒熟蝦仁，盛出，再爆香蔥段，放下叉燒肉及香菇炒一下，加清湯煮
   滾後再加醬油、鹽、胡椒粉調味。
5. 加入蝦仁，鮮魷及芥藍菜，再滾起後，即可勾芡，淋下麻油、全部澆在麵上。

◐蠔油牛肉炒麵

材料：

嫩牛肉 150 公克、杏鮑菇（或秀珍菇）80 公克、胡蘿蔔 1 小段、芥藍菜數支、蔥 2 支、
嫩薑片 6 片、雞蛋麵 300 公克（或乾麵餅 3 片）。

醃牛肉料：

蠔油 1/2 大匙、太白粉 1/2 大匙、水 2
大匙、小蘇打 1/6 茶匙、糖 1/4 茶匙。

調味料：

酒 1 茶匙、蠔油 1 大匙、醬油 1/2 大匙、
糖 1/2 茶匙、清湯 3/4 杯；麻油 1/4 茶匙。

做法：

1. 牛肉逆紋切成片，醃肉料先調勻後放下牛肉抓拌均勻，醃 1 小時以上。
2. 杏鮑菇切寬條；芥藍菜摘好，用滾水川燙至脫生，撈出沖涼。
3. 麵條放在滾水中煮至 8 分熟（點一次水即可）後撈出。
4. 牛肉過油泡至 8 分熟，撈出。
5. 起油鍋爆香蔥段和薑片，放下鮑魚菇及芥藍菜，再放下牛肉及調勻的調味料，煮滾
   後下麵條，拌炒均勻至麵條已熟即可。

安琪老師推薦
料理小幫手

料理的美味程度，往往取決於食材，然而廚具也是不可忽略的關鍵所在。
選用優良的廚具，料理過程更加得心應手，美味程度更加分！

中農牌家庭號粉絲
耐煮性佳，口感滑溜Q彈，
為家庭料理必備的食材。

馬尾絲粉皮系列
（馬尾絲粉皮、馬尾絲涼拌麻辣粉皮、
馬尾絲涼拌雞絲拉皮）

炎夏涼拌，開胃聖品。
寒冬火鍋，最佳拍檔。

中農麒麟特級小只裝寬粉
粉絲香Q滑嫩，耐煮性佳，
是中式料理、火鍋下料的最佳選擇。

寶鼎頂級純綠豆粉絲
輕食主義者最佳選擇！
含天然葉綠素、膳食纖維。

飛騰萬用膏狀清潔劑
輕輕鬆鬆去除廚具汙垢，
迅速省力不殘留。

飛騰萬用乳狀清潔劑
頑強污垢一拭就淨，
環保好用無殘留。

SEM-66S飛騰陶瓷玻璃電爐
（四口爐）
零磁波、非鹵素、不挑任何鍋具，
讓您遠離瓦斯可能造成的危害。

飛騰強力去污皂
清潔除臭效果奇佳，
且不含有害化學物質，
環保易分解。

RG-08T飛騰熱旋風烤箱
熱旋風對流烘烤的功能，
讓食物更均勻美味。

創立於民國三十八年（1949）

中農粉絲（冬粉）

堅持台灣製造

好品質、好安心

中農擁有六十多年的優良製粉技術，粉絲
滑Q帶勁，不論中式料理、火鍋下料到涼
拌、油炸，從料理之初到呈現上桌，
絲毫不折損美食鮮味，讓每道
精心佳餚得到最高評價。

中農粉絲有限公司

工　　　廠：台中市東區進德北路9號
發貨中心：台中市北屯區太原路3段896-2號
電　　　話：04-24373655
網　　　址：www.jungnung.com.tw
E-mail：service@jungnung.com.tw

www.vastar.com.tw

認識鍋具─關係吃的品質與健康

廣南國際有限公司 | Vastar International Corp

臺北市士林區雨農路24號
TEL：(02) 2838-1010 FAX：(02) 2838-1212

RM66TC+SK801 鈦金屬手工鍋

　　自古以來鍋具與爐具是人類賴以為生的必備炊煮用具，也是人類的生活上必需品，鍋具的材質種類關係著你我每天吃的品質與健康，所以我們不得不認識它。隨著人類的文明發展至今之鍋具種類可分為下列數種：

鐵鍋：

早年阿嬤年代的農村爐灶上的大鍋幾乎全為鐵鍋，鑄鐵鍋受熱均勻、耐用是其一大特點，坊間並有傳言，使用鐵鍋做菜可將鐵鍋內層表面之鐵末藉著食物進入人體後，轉換成人體的造血原素。但是鐵鍋用得時間過長或清洗不淨，容易在炒熟的飯菜上出現細小的粉末狀黑渣。這些黑渣是高溫後產生鐵的氧化物質，對人體也可能造成潛在危害。但鐵鍋之鐵鏽若沒處理好及清理乾淨，吃進去對人體的肝臟確實是有害的。鐵鍋最受家庭主婦詬病的缺點，就是比較笨重、容易生鏽、且不易保養。

不鏽鋼鍋：

不鏽鋼鍋徹底解決了鐵鍋生鏽的問題，但不鏽鋼也有其至今依舊無法突破的難題，如火力難掌控、油煙多、易黏鍋、易焦黑、遇熱分佈不均勻、加熱慢，但一旦火力一上來有如脫韁的野馬般難以駕馭、另有清潔不易之困難、下鍋前還得學會看油紋、且不得使用大火。因此使用不鏽鋼鍋具，每個人務必要擁有一定的專業技術與水準，否則對一般家庭主婦使用上來講總是困難重重。另外不鏽鋼鍋具由於其導熱性較差，因此其中間夾層需加一層鋁;也就是上下層皆為不鏽鋼，中間必需夾一層鋁以加強其導熱性，然後兩片金屬中間亦需有樹脂黏著劑，因之俗稱為五層鍋。不過需特別留意的是其底座非一體壓鑄成型的，也是使用樹脂黏著劑黏著上去的，因此使用一段時間後或使用大火時，會較容易脫落。不鏽鋼鍋含有鉻和鎳，這兩種元素在強酸或強鹼環境下易起化學反應，所以不宜長時間盛放鹽、醬油、菜湯，也不能煎藥。若使用強鹼性或強氧化性的化學藥劑，如蘇打、漂白粉、次氯酸鈉等洗滌不鏽鋼鍋，鍋具易產生腐蝕之現象。

砂鍋／陶鍋：

砂鍋與陶鍋所烹調出來之渾厚濃郁的美味，相信絕非一般金屬鍋能與其抗衡的，且由於金屬材質之鍋具，遇高溫會破壞食物之養份、香氣與味覺，因而自古以來若要烹調營養份較高之高貴食材或者熬煮中藥材皆需使用陶鍋或砂鍋。不過使用砂鍋一般家庭主婦還是會擔心的是其非常容易爆裂，究其爆裂原因是砂鍋無法承受急遽之冷熱過大之溫差;因此建議若購買砂鍋時會擔心有爆裂問題之顧忌者，不妨可考慮購買飛騰家電出品的砂鍋，雖然此產品非其主力商品，但此產品確實是可耐空燒且於極冷與極熱狀態下是不會爆裂的。任何的砂鍋皆不耐撞擊與由高處滑落，使用與清洗時亦需特別小心，避免撞擊之機會造成破損。砂鍋由於有毛細孔因此具有吸收性，容易吸收食物的味道，所以使用後一定要徹底清潔，洗後也要擦乾，並放在陰涼通風處晾乾，否則會容易發霉，初次使用前需先使用洗米水煮過或以煮稀飯方式養鍋。

不含 PFOA 的飛騰德國鈦金屬手工鍋

飛騰宮廷御膳鍋

飛騰鈦金屬鍋蓋湯鍋

飛騰鈦金屬炒菜鍋

鐵氟龍不沾鍋：

被俗稱的鐵氟龍不沾鍋曾經於近代史上紅極一時且引領風騷過的鍋具，大家依稀記得於賣場鍋具攤位上的每個鍋具上面打著斗大的[DuPont Teflon]字樣。直至2001年被美國環保署檢驗出其不沾塗層原料(PTFE)含有PFOA成份，並對其課以重罰，此新聞一出，陸續於全球各地造成無比的震撼，於台灣更甚有消費者保護團體要求其需於市場上全面下架。面對這麼重大的新聞，首先我們有必要認識何謂鐵氟龍？何謂不沾塗層。一般消費者皆誤認為鐵氟龍是一種材質或原料，其實[TEFLON]是美國杜邦DuPont公司所註冊的不沾塗層原料商標而已，而其不沾塗層原料為PTFE(polytetrafluoroethylene)聚四氟乙烯；任何要鍋具要達到此不沾之效果皆需借助此材質，而杜邦公司所銷售出的PTFE用於鍋具上也已超出數十億只。當然截至目前為止，並未有任何明確之醫學研究或報導證實，食用含有PFOA杜邦之PTFE不沾塗層鍋具會導致人體有任何之危害；但值得留意的是美國環保署已證實其含PFOA成份之鍋具，未來廢棄後丟進焚化爐時，其超過500℃之高溫將導致有毒氣體破壞我們地球的大氣層與生物環境。但不沾鍋之優質不沾特性仍然深受許許多多的家庭主婦喜愛，遺憾的是又懼怕其含有PFOA的問題；不過飛騰家電已適時的為您解決此問題了，早在此[鐵氟龍]問題發生前，飛騰家電自德國進口的手工鍋，早已在德國的TUV Rheinland Group - The LGA QualiTest GmbH取得測試報告與證書，[VASTAR Diamant 3000 Plus Non-Stick Coatingsystem CPR-TEST-No. 569 1136] 此測試報告已證實飛騰的手工鍋不含PFOA，其成份為零。

鈦金屬塗層鍋：

認識了上述之鍋具後，我們發現家庭主婦在烹調時最在乎什麼？最好炒出來的青菜能永遠保持鮮豔的色澤，煎魚時能不需要技巧，可以把魚煎的漂漂亮亮，炒米粉時不用一直不斷的加水與翻炒，又可炒出超好吃的味道；蒸年糕的時間，最好能與快鍋的時間是一樣但是不可像快鍋蒸出來的那樣死白的色澤與難吃的味覺；很普通的食材進入鍋內後也可以變成頂級食材；想燻雞、燻魚又害怕把鍋子燻到變形與破損。上述問題相信您一定很在乎，但不知如何解決。不誇張的建議您可試試飛騰家電自德國進口的鈦金屬手工鍋，上述問題已一一為您解決了，定能讓您使用過後，直呼傑克太神奇了，讓您終於知道何謂為好鍋，且會讓您天天有新發現、天天有新驚奇。此鍋之優質屬性來自於其底層有一層神奇的鈦金屬塗層，此神奇的鈦金屬塗層阻隔了鍋具金屬材質遇高溫會釋放出破壞食物養份、香氣及味覺的元素，且更不可思議的是可激活食物的養份、纖維質、葉綠素及香味；讓已經快枯黃的青菜，進入鍋內後又可回春、還原其色澤，令其更增豔。總之，買一個鍋用用看，您就可發現其神奇不可思議的能量。

不沾鍋的塗層原料 PTFE，需注意是否有含 PFOA 成份　　　飛騰鍋的塗層　　　[Teflon 鐵氟龍] 是杜邦公司不沾塗層的商標

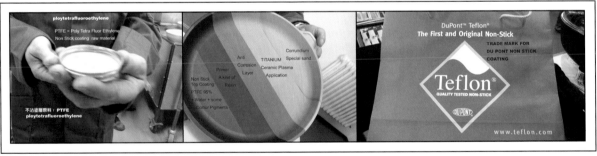

不含PFOA的飛騰德國鈦金屬手工鍋

www.vastar.com.tw

廣南國際有限公司
臺北市士林區雨農路24號
TEL：(02)2838-1010
FAX：(02)2838-1212

本公司各大百貨專櫃

大葉高島屋12F｜太平洋SOGO台北忠孝店8F‧SOGO新竹站前店9F
SOGO新竹Big City店6F‧SOGO高雄店10F｜遠東寶慶店8F‧遠東FE21
板橋店10F｜新光三越南西店7F‧新光三越新竹店7F‧新光三越台中店
8F｜中友百貨台中店B棟10F

Angela's Cooking

安琪老師的 24堂課

Angela's Cooking

I （1～6）堂課

書+3片DVD盒裝

定價：**1200**元／特價：**960**元

II （7～12）堂課

書+3片DVD盒裝

定價：**1200**元／特價：**960**元
單書定價：**320**元
DVD原價：**800**元／特價：**640**元

國家圖書館出版品預行編目 (CIP) 資料

安琪老師的 24 堂課 . III, 13-18 堂課 / 程安琪作 . -- 初版 . -- 臺北市 : 橘子文化 , 2013.12
　　面 ；　公分
　　ISBN 978-986-6062-67-4(平裝)

1. 食譜

　　　　427.1　　　102024579

作　　者	程安琪
攝　　影	強振國
DVD 攝影	吳曜宇
剪　　輯	昕彤國際資訊企業社

發 行 人	程安琪
總 策 劃	程顯灝
編輯顧問	潘秉新
編輯顧問	錢嘉琪

總 編 輯	呂增娣
主　　編	李瓊絲
執行編輯	徐詩淵
編　　輯	吳孟蓉、程郁庭、許雅眉
美　　編	菩薩蠻數位文化有限公司
封面設計	洪瑞伯、鄭乃豪
行銷企劃	謝儀方

出 版 者	橘子文化事業有限公司
總 代 理	三友圖書有限公司
地　　址	106 台北市安和路 2 段 213 號 4 樓
電　　話	(02) 2377-4155
傳　　真	(02) 2377-4355
E — mail	service@sanyau.com.tw
郵政劃撥	05844889 三友圖書有限公司

總 經 銷	大和書報圖書股份有限公司
地　　址	新北市新莊區五工五路 2 號
電　　話	(02) 8990-2588
傳　　真	(02) 2299-7900

SAN YAU
http://www.ju-zi.com.tw

三友圖書
友直 友諒 友多聞

初　　版	2013 年 12 月
定　　價	320 元
I S B N	978-986-6062-67-4

三友圖書 / 讀者俱樂部

填妥本問卷，並寄回，即可成為三友圖書會員。
我們將優先提供相關優惠活動訊息給您。

優質好康

粉絲招募
歡迎加入

- 看書 所有出版品應有盡有
- 分享 與作者最直接的交談
- 資訊 好書特惠馬上就知道

旗林文化✕橘子文化✕四塊玉文創
https://www.facebook.com/comehomelife

親愛的讀者：
感謝您購買《安琪老師的24堂課第Ⅲ集》一書，為感謝您的支持與愛護，只要填妥本回函，並寄回本社，即可成為三友圖書會員，將定時提供新書資訊及各種優惠給您。

1 您從何處購得本書？
□博客來網路書店 □金石堂網路書店 □誠品網路書店 □其他網路書店
□實體書店_____

2 您從何處得知本書？
□廣播媒體 □臉書 □朋友推薦 □博客來網路書店 □金石堂網路書店
□誠品網路書店 □其他網路書店_____□實體書店_____

3 您購買本書的因素有哪些？(可複選)
□作者 □內容 □圖片 □版面編排 □其他_____

4 您覺得本書的封面設計如何？
□非常滿意 □滿意 □普通 □很差 □其他_____

5 非常感謝您購買此書，您還對哪些主題有興趣？(可複選)
□中西食譜 □點心烘焙 □飲品類 □瘦身美容 □手作DIY
□養生保健 □兩性關係 □心靈療癒 □小說 □其他_____

6 您最常選擇購書的通路是以下哪一個？
□誠品實體書店 □金石堂實體書店 □博客來網路書店 □誠品網路書店
□金石堂網路書店 □PC HOME網路書店 □Costco
□其他網路書店_____ □其他實體書店_____

7 若本書出版形式為電子書，您的購買意願？
□會購買 □不一定會購買 □視價格考慮是否購買 □不會購買
□其他_____

8 您是否有閱讀電子書的習慣？
□有，已習慣看電子書 □偶爾會看 □沒有，不習慣看電子書
□其他_____

9 您認為本書尚需改進之處？以及對我們的意見？
_____

10 日後若有優惠訊息，您希望我們以何種方式通知您？
□電話 □E-mail □簡訊 □書面宣傳寄送至貴府 □其他_____

謝謝您的填寫，
您寶貴的建議是我們進步的動力！

姓名_____ 出生年月日_____
電話_____ E-mail_____
通訊地址_____